无人机组装与调试

主 编 姚文琳 王增刚 邢伟伟

哈尔滨工业大学出版社

图书在版编目(CIP)数据

无人机组装与调试/姚文琳，王增刚，邢伟伟主编.
哈尔滨：哈尔滨工业大学出版社，2024.8. --ISBN 978-7-5767-1646-7

I. V279

中国国家版本馆 CIP 数据核字第 20248QF129 号

策划编辑　刘　瑶
责任编辑　刘　瑶
封面设计　初心设计
出版发行　哈尔滨工业大学出版社
社　　址　哈尔滨市南岗区复华四道街10号　邮编 150006
传　　真　0451-86414749
网　　址　http://hitpress.hit.edu.cn
印　　刷　江西省健达印务有限公司
开　　本　787mm×1092mm　1/16　印张　12　字数　277千字
版　　次　2024年8月第1版　2024年8月第1次印刷
书　　号　ISBN 978-7-5767-1646-7
定　　价　49.80元

(如因印装质量问题影响阅读，我社负责调换)

前　言

习近平总书记在2021年4月对职业教育工作作出重要指示："在全面建设社会主义现代化国家新征程中，职业教育前途广阔、大有可为。要坚持党的领导，坚持正确办学方向，坚持立德树人，优化职业教育类型定位，深化产教融合、校企合作，深入推进育人方式、办学模式、管理体制、保障机制改革，稳步发展职业本科教育，建设一批高水平职业院校和专业，推动职普融通，增强职业教育适应性，加快构建现代职业教育体系，培养更多高素质技术技能人才、能工巧匠、大国工匠。"

无人机产业是我国战略性新兴产业之一，它不仅是衡量国家科技实力和高端制造水平的重要标志，也是推动经济高质量发展、促进人民美好生活的重要支撑。近年来，我国无人机产业发展迅速，特别是在《"十三五"国家战略性新兴产业发展规划》等国家政策的扶持鼓舞下，迎来了绝佳的发展契机和更加优越的发展环境，呈现出"飞起来、热起来、强起来"的良好态势。在无人机技术迅猛发展的今天，无人机组装与调试作为无人机应用技术的重要组成部分，对从业人员的专业知识和技能提出了越来越高的要求。

本书紧跟国内职业教育特点，立足开展无人机专业方向职业教育，结合当前无人机行业的发展现状，紧跟行业技术前沿，全方位地介绍了不同无人机平台搭配不同飞控的组装调试过程；在文字叙述上，尽量用通俗易懂的语言阐述，避免过多的理论描述；在内容的广度和深度上，兼顾知识的系统性、逻辑性，实现理论性和实用性并重。旨在帮助学生和从业人员全面掌握无人机组装与调试的基本知识和技能，提高职业素养和综合能力。

本本依据无人机专业教学指导方案，以及行业、职业技术规范和相关法律法规编写而成，不仅可以作为职业院校无人机应用技术专业的教材，还可以作为从事无人机行业者的参考书。

本书是高等职业院校前沿技术专业特色教材。全书包括5个项目，项目一为基于NAZA飞控的F450多旋翼无人机的组装与调试；项目二为基于Pixhawk飞控的六轴无人机F550的组装和调试；项目三为典型应用场景无人机的自主选型；项目四为基于X380无人直升机的组装与调试；项目五为固定翼无人机的组装与调试。

本书由姚文琳、王增刚、邢伟伟担任主编，由甘伍芳、李红芳、索传新、程蓬勃、张成光、杨德英担任副主编，由高旭、柴子清、姜一帆、郑翔宇、张州、曲冬日、李欣璐、凌灿权、杨安、肖乃稼参与编写。

  本书在编写过程中，力求打破传统学科体系理论＋实训的模式，采用项目任务制教材编写体例，使教材内容更加灵活、实用。同时，编者注重培养学生的综合职业能力，通过完成完整的工作任务，对学生进行现代综合职业能力的培养。通过本书的学习，读者能够全面掌握无人机组装与调试的基本知识和技能，为未来的职业发展奠定坚实的基础。

  本书得以出版，感谢各位读者的支持和信任，也感谢所有参与本书编写和审校工作的专家和学者们的辛勤付出。希望本书能够成为您学习和工作的良师益友，为您的无人机应用技术之路提供有力的支持。

  限于编者水平，书中难免有疏漏之处，恳请读者批评指正。

目 录

项目一　基于 NAZA 飞控的 F450 多旋翼无人机的组装与调试 …………………… (1)
  任务 1　F450 机架的安装 ……………………………………………………… (4)
  任务 2　无人机动力系统的组装 ……………………………………………… (14)
  任务 3　多旋翼无人机飞行控制系统的组装 ………………………………… (31)
  任务 4　无人机遥控器的认识 ………………………………………………… (38)
  任务 5　多旋翼无人机的整机调试 …………………………………………… (41)
  课后习题 …………………………………………………………………………… (53)

项目二　基于 Pixhawk 飞控的六轴无人机 F550 的组装和调试 …………………… (56)
  任务 1　Pixhawk 接口连线 …………………………………………………… (56)
  任务 2　Pixhawk＋F550 硬件组装 …………………………………………… (63)
  任务 3　Mission Planner 的安装与无人机固件的下载 …………………… (75)
  任务 4　硬件的初始设置 ……………………………………………………… (81)
  任务 5　利用 Mission Planner 进行 PID 调参 ……………………………… (88)
  课后习题 …………………………………………………………………………… (91)

项目三　典型应用场景无人机的自主选型 ………………………………………… (92)
  任务 1　无人机的质量与续航时间 …………………………………………… (94)
  任务 2　飞行平台的选择 ……………………………………………………… (99)
  任务 3　飞控选型及无人机的调试 …………………………………………… (107)
  课后习题 …………………………………………………………………………… (122)

项目四　基于 X380 无人直升机的组装与调试 …………………………………… (123)
  任务 1　X380 机身主体安装 ………………………………………………… (125)
  任务 2　无人直升机尾杆组装 ………………………………………………… (132)
  任务 3　无人直升机主旋翼系统组装 ………………………………………… (137)
  任务 4　无人直升机电子陀螺仪组装 ………………………………………… (141)
  任务 5　无人直升机旋翼组装 ………………………………………………… (143)
  课后习题 …………………………………………………………………………… (145)

项目五　固定翼无人机的组装与调试 ……………………………………………… (146)
  任务 1　认识固定翼无人机 …………………………………………………… (148)

任务2　固定翼无人机机身系统组装 ·· (157)
  任务3　固定翼无人机动力系统组装 ·· (168)
  任务4　固定翼无人机硬件调试与试飞 ·· (173)
  课后习题 ·· (185)
参考文献 ·· (186)

项目一 基于 NAZA 飞控的 F450 多旋翼无人机的组装与调试

多旋翼无人机是指具有3个或3个以上旋翼的无人机，因其结构简单、操作便利，被广大无人机爱好者喜爱，已在很多领域得到了广泛应用。根据工作场景的不同，多旋翼无人机的性能和特点也不相同。本项目以经典的F450机架作为无人机飞行平台，所选飞控为大疆较早期的一款商业飞控NAZA（哪吒），该项目具有入手简单、调试方便等特点。通过本项目的学习，学生掌握多旋翼无人机组装与调试的基础知识，将枯燥的知识点融入该项目，实现做中学、学中做。项目一成品图如图1-1所示。

图 1-1 项目一成品图

多旋翼无人机的内部结构相对简单，组装过程有很多相似性，部分步骤可调换顺序而不影响整体装配效果。本书建议组装步骤为：机架的组装、动力系统的组装、飞行控制系统的组装、遥控系统的组装和任务载荷的组装等，如图1-2所示。在不影响无人机飞行性能的前提下，部分组装顺序可适当调整。不同的多旋翼无人机产品，其组装步骤可能会要求两个或两个以上的系统并行组装。

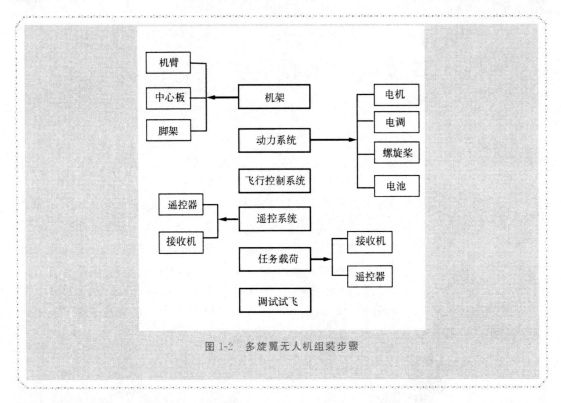

图 1-2 多旋翼无人机组装步骤

项目准备

(1)无人机飞行控制系统套件。
(2)大疆 NAZA-M V2 飞控套件(图 1-3)。

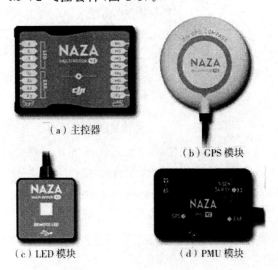

(a)主控器　　(b)GPS 模块
(c)LED 模块　　(d)PMU 模块

图 1-3　大疆 NAZA-M V2 飞控套件

(3)无人机机架。

(4)F450机架(图1-4)。

图1-4 F450机架

(5)无人机动力系统。

(6)动力系统,由电机(图1-5)、电子调速器(简称电调,图1-6)、螺旋桨(图1-7)、电池(图1-8)组成。

图1-5 电机　　　　　　　　　　图1-6 电调

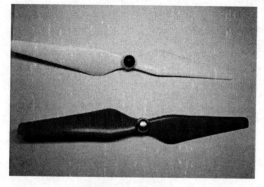

图1-7 螺旋桨　　　　　　　　　图1-8 电池

本项目选用 B2212 型号的无刷电机：其 KV 值为 950 r·min^{-1}·V^{-1}，电机定子直径为 22 mm，定子高度为 12 mm。选用型号 X-Roto 20 A 的电调，其输入：3S～4S锂电；持续电流：20 A；瞬时电流：30 A(10 s)；尺寸：52.4 mm×21.5 mm×7 mm；质量：14 g；BEC 输出：无。桨叶：9.4 英寸，螺距：4.3 in(1 in=2.54 cm)；电池：5 200 mA·h、25C、3S 11.1 V 的锂电池。

任务 1　F450 机架的安装

机架通常由机臂、中心板和脚架等部分组成。通过本任务的学习，学生熟悉多旋翼无人机的常见机架类型及材料特点，并能根据应用需求进行机架选型；能够完成电源、电调线路的焊接和机架的组装。

1. 机架组装前准备

下面以 F450 多旋翼无人机为例，介绍其组装步骤。
(1) 机架技术参数。
F450 机架组成如图 1-9 所示。机架参数如下：

图 1-9　F450 机架组成

① 机身质量：上机架 290 g，脚架 70 g。
② 电机轴距：450 mm。
③ 起飞重量：800～1 500 g。
④ 机架中心板：上板+下板。
⑤ 机臂：4 个。
⑥ 螺丝：M2.5×6 机架螺丝 25 个。M3×8 电机螺丝 16 个。
整体的电路接线要求如图 1-10 所示。

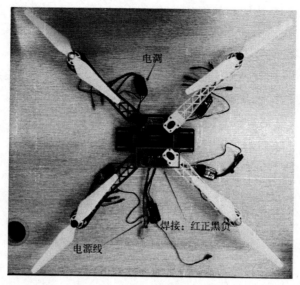

图 1-10　整体电路接线要求

(2)组装工具及材料准备。

无人机组装工作使用的工具及材料主要有电烙铁、热风枪、万用表、六角螺丝旋具、剥线钳、剪刀、热缩管、焊锡丝、尼龙扎带、电源导线、焊锡膏等，如图 1-11 所示。

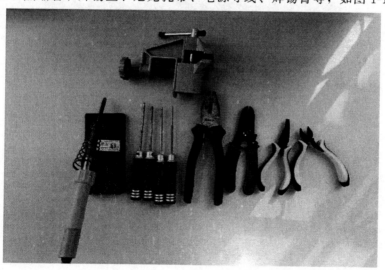

图 1-11　无人机组装常用的组装工具

(3)组装注意事项。

①检查机架零部件是否齐全。

②检查零部件是否有破损、变形。

③检查螺丝数量是否足够，螺丝长度是否合适，所有螺丝上螺丝胶，保证螺丝绝对稳固。

④使用符合螺丝规格的螺丝旋具，防止螺丝滑丝。

⑤焊接时不能有虚焊，防止无人机在飞行过程中因抖动而导致接口松动。

⑥上螺丝时按照对角线原则拧螺丝,待所有螺丝上完后再拧紧。
⑦同颜色机臂装在同一侧,以方便飞手辨认机头方向。
⑧安装的设备尽量对称,保证无人机的重心居中。
⑨为了避免干扰,线材不能跨越飞控板表面,要从飞控板旁边走线。

2. 整体组装步骤

(1)将电调的输入端两根电源线分别焊接到中心板(分电板)的正极(红线)和负极(黑线)上,如图 1-12～1-14 所示。

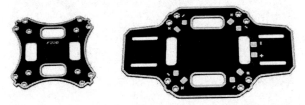

图 1-12 中心板

图 1-13 电调焊接

图 1-14 动力电源线焊接

(2)接动力电源线。
(3)使用万用表检查电路是否连通。
(4)按顺序把 4 个机臂安装在中心板上,同颜色的机臂在同一侧。

3. 机架组装步骤

(1)处理电调电源线接头。

若电调自带输入线且输出线太长,可根据需要截断并重新焊接香蕉母头。将电调电源线焊接到线路板上,如图 1-15 所示。

图 1-15　将电调电源线焊接到线路板上

①处理电源输入线。

a. 在红色和黑色两条电源输入线上,用直尺从热缩管的那头开始量 6 cm 左右的长度,用剪刀剪断。

b. 在电源线头部用剪刀或者剥线钳环切 5 mm 长度的外皮,剥开外皮露出裸线,用手把露出的裸线拧紧。

c. 在裸线上绕一小段焊锡丝,用电烙铁加热焊锡丝,让整个裸线头被焊锡包住。用焊锡处理过的裸线头能避免受力时让电线内铜丝散开。

②处理电源输出线。

a. 在电源输出线上,用直尺从热缩膜的那头开始量 3 cm 的长度,用剪刀剪断。

b. 这时候观察母头浅的那头(焊接电源线的那端,一般这端会有一个小孔),估计有 2 mm 的深度。在电源线头部用美工刀环切 2 mm 长度的外皮,剥开外皮露出裸线,用手把露出的裸线拧紧。在裸线上绕一小段焊锡丝,用电烙铁加热焊锡丝,让整个裸线头被焊锡包住。

c. 取直径为 5 mm 的热缩管,剪 2 cm 长一段,套在电源线上。

d. 拿出台钳(图 1-16),用钳嘴夹住一个香蕉公头和母头,浅头向上。

图 1-16　台钳

e. 将电烙铁头插入香蕉母头的小孔里面加热,往母头端放焊锡丝直到焊锡熔化,熔化的焊锡不要太满,到 2/3 处即可。在焊锡全部熔化后,立即插入电源线裸线头,拔走电烙铁,直到焊锡冷却。按同样的方法装上剩余两个香蕉头。把之前预先套上的热缩管推到与香蕉头平头,热缩管要把整个香蕉头包住,这样才能避免香蕉头之间触碰时产生短路。用电吹风加热热缩套,直到热缩套紧实牢固套住香蕉头。处理好的电源输出线如图 1-17 所示。

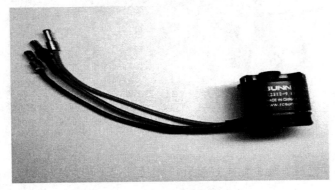

图 1-17 处理好的电源输出线

③处理数据线。电调接飞控板输出端的数据线有两条电线,为了抗干扰,这两条线互相绞合一起做成双绞线。由于这条线太长,双绞线在实际使用中很容易散开,起不到抗干扰作用,所以需要加固一下。先拧紧两股线,每 5 cm 处用透明胶带捆上。电调接飞控板输出端的数据线如图 1-18 所示。

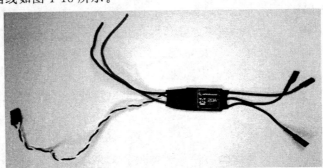

图 1-18 电调接飞控板输出端的数据线

(2)标记下中心板的中心位置。

①电池需放在下中心板上方,为了让电池尽量居于整个机架的中心位置,需要先在下中心板上标记中心位置,方便以后放置电池。

②下中心板长边处有一个长方形开口,用直尺量开口的长度,在长度一半的地方用记号笔做标记,在另外一头也按同样方式做标记,用直尺在两个标记处用记号笔画一条直线。

③在下中心板短边处,用直尺量出长度,在长度一半处用记号笔做标记,用同样的方法标记好另外一端,用直尺在两个标记处用记号笔画一条直线。两条直线相交处就是中心板的中心位置。

(3)焊接电调在中心板上。

①先准备好 4 块 XYT 系列动力系统 30 A 电调,把电调焊接到中心板上,注意接线

口红正黑负，电调需背面朝上，确保焊点牢固并且不会出现短路。电调焊接到中心板如图 1-19 所示。

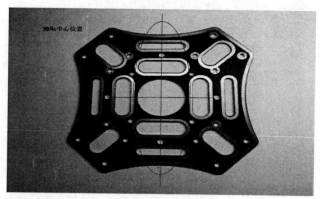

图 1-19　电调焊接到中心板

②放好下中心板，有标记"＋号"和"－号"的向上。用纸先擦干净标记"＋"号和"－"号上的触点，在触点上放适量松香，一只手用电烙铁加热触点，另外一只手不断地送焊锡丝到触点上，直到整个触点都盖一层较厚的焊锡，焊锡区千万不要超出触点的范围。

③焊接电调电源线接头，用 XT60 公头。焊接时，注意接头上的"＋"号、"－"号接口分别对应红线与黑线，剥线长度为 4 mm，刚好插入 XT60 接口。

④拿出一个电调，电调平整面向上，电调红黑两线端对着下中心板的一组"＋"号和"－"号的触点处，在触点上加少量的焊锡丝，用电烙铁把红色线焊接在"＋"号的触点上，把黑色线焊接在"－"号的触点上。正负两极不要弄错，否则一接电源就会烧掉电调。用同样的方式焊接剩余的电调。

⑤电调电源线（用 14 AWG 软硅胶线），注意红线接正，黑线接负，剥线时注意不要破坏红色电源线的硅胶层，以免造成短路，并且长度刚好够焊接到板上即可。焊接电调电源线如图 1-20 所示。

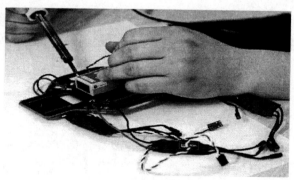

图 1-20　焊接电调电源线

(4) 焊接电源主线。

①拿出电源主线，用直尺从接口处量 9 cm，用剪刀剪断。剥开 5 mm 长的电线皮，用上述方法把裸线头上焊锡分别焊接在下中心板的电源输入"＋"号和"－"号上（图 1-21）。注意电源主线的 T 形口要向外。

图 1-21　电源线焊接方式

②将电源管理模块的电源线焊接至底板电源焊盘上，如图 1-22 所示。该模块的红线、黑线焊接至电源焊盘的红线、黑线接口处，要一一对应。

图 1-22　动力电源线焊接

③焊接完成后，检查焊点是否漏焊虚焊，再用万用表测试各个焊点是否短路。

④按照顺序把 4 个机臂安装在中心板上，同色机臂在同一侧，如图 1-23 所示。

(5) 安装机架。

焊接好电调和电源主线，就可以安装机架。装好机架后再焊接电调主线与电源主线时空间有限，不好操作，且容易让塑料机臂和脚架在焊接时受热变形，因此在安装机架之前要先处理好。

①安装机臂。安装机臂时的 4 个螺丝孔需要用手先后对角拧上，每个机臂上的螺丝都拧紧之后再用螺丝刀紧固。

②安装电调。

a. 电调一面是平整的，盖散热片或者屏蔽壳。而另外一面有一个电容突出来（图 1-24）。为了安装电调时更加牢固，把平整的那面装在机臂上。为了防止电调安装后松动，通常采用海绵双面胶粘在机臂上，或者用轧带绷紧。

项目一　基于NAZA飞控的F450多旋翼无人机的组装与调试

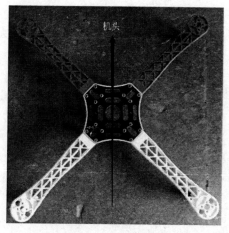

图 1-23　4个机臂与机架上中心板组装完成后的整体图

图 1-24　电调

b. 拿一条红色的机臂出来,把电调上海绵双面胶的另一面薄膜撕掉,粘在机臂上。为了让4个电调安装的位置一致,粘电调时,要粘在从机臂上螺丝那头开始数的第一节位置,然后将扎带放在电调中间,紧紧地扎紧在机臂上。

③安装脚架。需要准备螺丝刀、电钻、垫圈等工具,清洁机体并确保其干燥,无水分、油污。将脚架放置在机体上并用螺丝刀拧紧螺丝固定,调整高度使机体稳定,然后将机体与脚架固定,检查稳定性,最后清理现场。在安装过程中注意安全,避免螺丝松动或滑落等情况发生,并根据实际情况进行调整,以确保机体稳定、安全。

知识点1:旋翼无人机机架材质

机架材质一般有以下几种。
(1)塑料。

塑料密度较小,但强度和刚度不大,制作比较容易,价格便宜,比较适合初学者使用。本次任务所使用的机架的4个机臂都是塑料材质,在组装时要采用螺丝固定。电机高速运转所带来的振动常使螺丝松动,从而导致机臂和机身的轴臂有脱落的危险。

(2)玻璃纤维增强复合材料。

相比塑料机架,玻璃纤维增强复合材料的强度高、质量轻,但价格较贵。本次任务所使用的中心板多用玻璃纤维增强复合材料。

(3)碳纤维增强复合材料。

相比玻璃纤维材质的机架,碳纤维增强复合材料的密度更低,强度更高,价格更贵。该材料在飞行中会有减振的效果,使无人机飞行更加稳定。碳纤维加工比较困难,需要对整个板子进行切割和打孔,而机臂则多选用成形的管型结构。

(4)铝合金/钢。

一般而言,价格低廉的塑料用于普通无人机,碳纤维则更多地用于工业无人机或商业无人机。

知识点 2:多旋翼无人机的布局形式

多旋翼无人机在布局上一般按轴数和桨数来划分。一般的布局形式如四旋翼无人机、六旋翼无人机、八旋翼无人机,如图 1-25 所示。也有四轴八桨无人机,这种无人机总共 4 个轴,每个轴有上下两个螺旋桨,因此得名。多旋翼无人机实物图如图 1-26 所示。

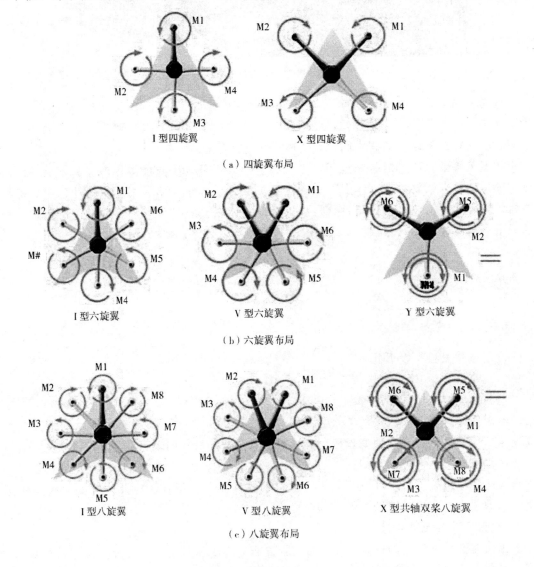

图 1-25 多旋翼无人机布局示意图

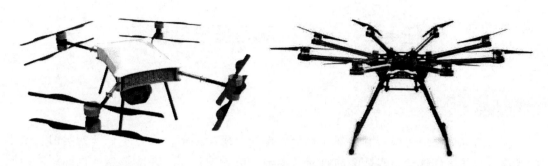

图 1-26　多旋翼无人机实物图

知识点 3：机架选配

1. F450 机架选配

F450 机架是大疆为了满足大多数航模爱好者而开发的一套机架，它主要包括 4 个悬臂、1 块下板和 1 块上板。悬臂主要安装电机并连接上板与下板，同时可以固定电调。在下板上，生产商已经设计了相应电路，电路主要用于给 4 个电调供电。上板可以固定飞控和接收器（接收器用于接收遥控器信号）等。详细安装方式参阅本书后面的项目。

2. 机架选配原则

选择机架时，需注意以下 6 个方面。

①机架强度。机架强度直接决定了无人机的使用寿命。

②安装的难易度。对于初学者，宜选用安装简单的机架，可集中精力进行调试。

③合理布线。首先，合理布线是为了容易区分不同的线路；其次，合理布线后容易理清线路，且制作出的无人机比较美观。

④机架材质。在无人机设计中，质量是一个重要问题，无人机增重会增加电机的负荷，影响续航时长，应尽量选用轻质材料。

⑤机架成本。应根据实际情况核算成本，选用价位合适的机架。只有量入为出才能设计出最有性价比的产品。

⑥机架轴距。轴距是多旋翼无人机的重要尺寸参数，其大小限定了螺旋桨的桨距尺寸的上限。

从以上 6 个问题入手，根据不同需求，可选择适合自己的机架。

任务2　无人机动力系统的组装

任务描述

无人机动力系统主要包括电机、电调、电池、螺旋桨等。通过本任务的学习，学生熟悉电动机的工作原理、螺旋桨的材质及电池、电调的选用，并能根据电机的型号匹配相应的电池及电调；熟练完成电机与电调的连接、电机的安装、电池的安装、螺旋桨的安装以及香蕉头的焊接；能够用万用表测量焊接路线的质量等。

任务实施

1. 动力系统组装的主要配件清单

（1）无刷电机。

无刷电机（图1-27）根据计算多轴无人机最大悬停时间工具进行选择。电机直接用螺丝拧在动力系统臂上。F450选用无刷电机套件清单见表1-1。

图1-27　F450选用的无刷电机

表1-1　F450选用无刷电机套件清单

电机	朗宇V系列V2216、KV900，4个
零配件	主轴4个，主轴螺丝12个，垫片4个，子弹头4个，螺母4个

（2）螺旋桨。

选择APC1045（也可以用1047）螺旋桨（图1-28），直径为10 in，螺距为5.5 in，MR表示多轴专用。APC品牌的原装件较贵，不适合练手，可选价格适中的ATG。螺旋桨材料可选强度较好的尼龙材料。多轴螺旋桨要正桨和反桨成对使用。朗宇V2216的桨夹输出轴直径为5 mm，螺旋桨配的桨垫务必要用5 mm的尺寸。F450选用的螺旋桨清单见表1-2。

图1-28 F450选用的螺旋桨

表1-2 F450选用的螺旋桨清单

螺旋桨	1045正反桨2对，共4只（建议多准备2对）
桨垫	5 mm，4个

（3）电调。

根据朗宇V2216力效表，10 in桨在3S电压下最大电流是14.4 A，电调要选择持续电流20 A以上的。好盈铂金系列Platinum－30A－OPTO－PRO电调（图1-29），铂金30 A电调的持续电流为30 A，并为多轴无人机优化过油门响应。F450选用的电调清单见表1-3。

图1-29 F450选用的电调

表1-3 F450选用的电调清单

电调	好盈铂金系列Platinum－30A－OPTO－PRO电调，共4只

（4）电池。

组装要求四轴无人机最大飞行时间在10 min左右，根据计算多轴无人机最大悬停时间工具，如果无人机总质量是1 200 g，用2 600 mA·h 3S1P的电池，最大悬停时间是

9 min,大致符合要求。锂聚合物电池如图 1-30 所示。F450 选用的电池清单见表 1-4。

图 1-30 锂聚合物电池

表 1-4 F450 选用的电池清单

电池	格式 ACE 3S1P 5 200 mA·h 25C,电源线是 T 形口
配件	魔术贴一对,用于把电池固定在动力系统上

(5)电源主线。

需要一条 T 形口公头的电源线,用于动力系统的 PCB 的电源输入与飞控供电模块连接,电源线用 12~14 AWG 的硅胶线,接口与电池和飞控供电模块一样,是 T 形口。电源主线清单见表 1-5。

表 1-5 电源主线清单

电源主线	AMASS XT60H-F 型母头
电源主线	AMASS XT60H-M 型公头

(6)香蕉头。

电机通过香蕉头与电调连接,每个电机有 3 条电源输入线,需要 3 个香蕉公头。电调自带的电源线较长,需要截断电线后重新安装香蕉母头。香蕉头清单见表 1-6。

表 1-6 香蕉头清单

香蕉公头	12 个
香蕉母头	12 个

(7)魔术贴扎带。

为了换电池方便,电池装在下中心板下方。为了确保电池不会松动,除了用魔术贴粘住电池外,还要用魔术贴扎带再扎牢。魔术贴扎带清单见表 1-7。

表 1-7 魔术贴扎带清单

魔术贴扎带	宽为 2 cm，长为 20～30 cm
魔术贴	用于在下中心板下方固定电池

2. 动力系统组装

(1)电调的测量。

①用万用表欧姆挡测量电机各引出线直接的电阻。

②用万用表欧姆挡测量电调的输入端和输出端的等效电阻。

(2)香蕉头的焊接。

①用台虎钳固定好待焊香蕉头，准备尖头电烙铁，最好垫一叠纸做隔热。电烙铁选25 W 就足够了。因为此处焊锡和烙铁接触面积较大(包围式接触)，能够很好熔化焊锡形成熔池。

②尖头电烙铁从香蕉头侧面的圆孔中伸入，加热香蕉头，同时从上方添加焊锡，将锡丝熔入香蕉头形成锡杯。

待熔化的焊锡量足够后，从上方放入待焊导线，保持一段时间，等待焊锡充分填充到导线中，稳住导线(动了可能虚焊)，然后从侧面取出电烙铁，等待焊锡冷却，在香蕉头外面套上热缩管绝缘。

③热缩管应与香蕉头齐口，再用热风枪加温收缩即可。

(3)电机的安装。

在将电机安装于无人机机臂的过程中，应遵循以下步骤以确保正确安装和接线。

①首先，将电机固定在机臂上。使用螺丝按照对角线的方式进行初步固定，此时螺丝应拧入约 2/3 的深度。

②接着，完成剩余两颗螺丝的安装，直至电机完全固定在机臂上。

③特别注意，电机的线头部分必须朝向机臂方向。

④另外，对于不同颜色的机臂，例如红色和黑色，需要根据其指定的旋转方向(CW 代表顺时针，CCW 代表逆时针)进行区分安装，确保黑色和红色机臂不安装相同旋转方向的电机。

⑤电机通常有 3 根接线，分别为黄色、红色和黑色。而电子调速器(ESC)上则有 3 个接线柱，通常标记为 U、V 和 W。

⑥根据多次实践验证，推荐使用以下接线方式：红色线连接至 U 接线柱，黑色线连接至 W 接线柱，黄色线连接至 V 接线柱。这种接线方式在绝大多数情况下是正确的。

⑦如果遇到个别电机接线后出现问题，可以通过连接计算机进行参数调整。在此过程中，任意交换两根接线，直至找到正确的接线组合。

需在操作过程中确保安全，并严格按照产品说明书或制造商的指导进行安装和接线。

注意事项：

①安装电机时，无人机机头方向的左上和右下为顺时针(CW)电机，右上和左下为逆时针(CCW)电机。

②安装电机时使用的螺丝长度要合适，螺丝过长会顶到电机定子而导致烧坏电机，太短则不能完全把电机固定在机臂上。

③保证电机座与机臂连接牢固。飞行中电机座松动，造成电机偏转，这也是炸机的重要原因之一。

④电机安装好后要校正水平，电机不平会使多轴无人机的稳定性大大降低。

（4）电机与电调的连接。

①电调的3根输出线与电机的3根输入线焊接。

②电调的2根输出线与电机的2根输入线互换可改变电机的旋转方向。

注意事项：

①连接焊接处要牢固、可靠，不能有虚焊，防止无人机在飞行过程中因为抖动而导致意外。

②线缆长度适宜，合理布线，保证无人机外表美观。

③所有焊接连接处以及铜线裸露的地方都必须套上热缩管。

④为方便替换零部件，一般在连接处使用香蕉头连接。

（5）螺旋桨的安装。

为了抵消螺旋桨的自旋，相邻的桨旋转方向不同，因此螺旋桨有正反桨之分，顺时针方向旋转的是正桨，逆时针方向旋转的是反桨。正反桨的风向都是向下。安装时，无论正反桨，有字的一面是向上的，确保桨叶圆润的一面和电机旋转方向一致。

应注意桨叶安装方向，避免无人机在飞行过程中桨叶因旋转而松脱掉落。例如，1号电机为逆时针转动，则桨叶应顺时针拧紧安装，装配过程中若发现方向不对，应立即调整。

机头前右为银色桨逆时针旋转，1号电机；机头前左为金色桨顺时针旋转，2号电机。基于F450机架的NAZA飞控装机成品如图1-31所示（一般规定相同颜色的机臂为机头或机尾）。

注意：固定螺旋桨的螺母一定要锁紧。飞行中由于电机的高频振动很容易引起螺丝松动而造成射桨，射桨不仅会造成炸机，也会对飞手和其他人的生命安全造成威胁。

图1-31　F450机架成品图

项目一　基于 NAZA 飞控的 F450 多旋翼无人机的组装与调试

任务学习

动力系统的工作原理是将化学能转化为电能再转化为机械能,为无人机飞行提供动力。其主要由电池、电机、电调和螺旋桨 4 个部分组成。

知识点 1:电机

电机是多旋翼无人机的主要动力机构,也是能量转换装置,将电能转化为机械能,主要提供升力和调整飞行姿态。电机根据结构组成与工作原理不同,分为无刷电机与有刷电机。本任务主要以无刷电机为例展开介绍。

1. 无刷电机工作原理

无刷电机在电磁结构上与有刷直流电机一样,但其电枢绕组放在定子上,转子上安装永磁铁。电机的电枢绕组一般采用多相形式,经由驱动器接到直流电源上,定子采用电子换向代替有刷电机的电刷和机械换向器,依靠改变输入无刷电机定子线圈上的电流频率和波形,在绕组线圈周围形成一个绕电机几何轴心旋转的磁场,这个磁场驱动转子上的永磁铁转动,与转子磁极主磁场相互作用而产生转矩,使电机旋转。

2. 无刷电机参数

以某无刷电机 X2212 为例,其参数见表 1-8。

表 1-8　无刷电机 X2212 的参数

参数名称	电机型号			
	KV980	KV1250	KV1400	KV2450
定子外径/mm	22	22	22	22
定子厚度/mm	12	12	12	12
定子槽数	12	12	12	12
定(转)子级数	14	14	14	10
空载电流/A	0.3	0.6	0.9	1.6
电机电阻/mΩ	133	79	65	32
最大连续电流/(A·s^{-1})	15/30	25/10	28/15	40/30
最大连续功率/W	300	390	365	450
质量(含长线)/g	58.5	58	89	57
转子直径/mm	27.5	27.5	27.5	27.5
出轴直轻/mm	3.175	3.175	3.175	3.175
电机长度/mm	30	30	30	30
电机含轴长度/mm	32	32	32	32
最大电油节数	2～4	2～4	2～4	2～3

续表

参数名称	电机型号			
	KV980	KV1250	KV1400	KV2450
建议使用电调规格/A	20	30	30	40
推荐螺旋桨规格	APC8038 APC9047 APC1047 GWS8043 APC8038	APC8060 APC9047 APC9045 APC9060	APC9047 APC9045 APC8060 APC8038 APC7062	AOC6040
适用多旋翼无人机的质量/g	300（3S 1038/1047，4S 8038/8043/8045、9047）			尾推特技机 550(3S6040)

（1）电机尺寸。

无刷电机尺寸对应4位数字，其中前2位是电机转子的直径（单位：mm），后2位是电机转子的高度。简单来说，前2位越大，电机越粗；后2位越大，电机越高。

（2）额定电压。

额定电压是指定了负载条件而得出的电压。其实无刷电机适合的工作电压范围非常广。例如，2212～850 KV电机指定了1045螺旋桨的负载，其额定工作电压就是11 V。如果减小负载，如带7040螺旋桨，则这个电机完全可以工作在22 V电压下。但是这个工作电压也不是无限上升的，主要受制于电调支持的最高频率。所以，额定工作电压是由工作环境决定的。

（3）KV值。

无刷电机引入了KV值的概念。电机KV值用来表示电机空载转速，指电压每增加1 V，无刷电机每分钟增加的转速，即电机空载转速＝电机KV值×电池电压。比如，使用KV值为920的电机，电池电压为11.1 V，那么电机的空载转速为920×11.1＝10 212(r/min)。

KV值是电机的一个重要参数，可以简单地理解为电机扭矩与速度的一种平衡关系。电机的KV值越高，效率越高，提供的扭力就越小；KV值越低，效率越低，提供的扭力越大。选择KV值时应遵循的准则：高KV值电机适合在低电压、高转速环境下工作，搭配小直径螺旋桨；低KV值电机适合在高电压、低转速环境下工作，搭配大直径螺旋桨。

（4）最大电流和最大功率。

根据散热量的大小，每个电机工作时的最大电流（电机能承受并安全工作的电流）是有限的。这个指标称为最大允许电流，以安培（A）为单位。因为无刷电机都是三线电机，所以一般以电调输入电流，即电池输出线上的电流作为其总电流，超额运转时很容易烧毁。电机能够承受并安全工作的最大功率值称为最大功率。功率的选择首先要确定负载总质量，计算所需电机功率。例如，按照1 W功率带4 g质量计算，无人机质量（含电池）为800 g时，实际所需的功率是800 W/4 200 W。

选择多旋翼电机时，必须选择合适功率的电机以及与它搭配的螺旋桨，让电机工作在相对轻松的状态。一般来说，悬停日时工作功率是最大功率的30%～45%比较好。

3. 选用原则

电机与机架常用配置见表1-9。

表1-9 电机与机架常用配置

机架尺寸/mm	常用电机KV值
350～450	1 000左右
250	2 000左右
180	3 000左右

知识点2：螺旋桨

螺旋桨是多旋翼无人机直接的升力来源，通常被直接安装在动力设备延伸轴上，也有通过传动装置间接驱动的。螺旋桨安装在无刷电机上，通过电机旋转带动螺旋桨旋转。轻、微型多旋翼无人机常用定距螺旋桨，通过螺纹或紧固件安装在电机上。定距螺旋桨的主要性能指标有效率、尺寸、螺距、材质和桨叶数量等。

1. 螺旋桨的作用

螺旋桨最终为无人机提供拉力、升力等。多旋翼无人机多采用定距螺旋桨，即桨距固定，主要指标有螺距和尺寸。定距螺旋桨从桨毂到桨尖安装角逐渐减小，这是因为半径越大的地方，线速度越大，受到的空气反作用力就越大，容易造成螺旋桨因各处受力不均匀而折断。同时螺旋桨安装角随着半径增大而逐渐减小，能够使螺旋桨从桨毂到叶尖产生一致升力。

2. 螺旋桨规格及数据表示

(1) 桨径和桨距。

螺旋桨主要指标有桨径和桨距(也称螺距、总距)，使用4位数字表达，前面2位代表桨的直径(单位：in)，后面2位是桨的桨距。其写法有写成11×4的，也有写成1104的；有写成11×4.5的，这时应该写成11045，但为了简化会写成1145。总之，1204比1104的桨看起来大，1105比1104的桨看起来陡。

桨距分为理论桨距和实际桨距。理论桨距是假设螺旋桨在一种不能压缩和流动的介质中旋转，螺旋桨每转一圈，就会向前前进的距离。这个"距"也可以理解为桨叶旋转而形成的螺旋螺距，就像拧开矿泉水瓶盖一圈瓶盖提高的距离一样。而实际桨距就是考虑流体的可压缩性后，在实际使用时螺旋桨旋转一圈所前进的距离。一般而言，实际桨距都小于理论桨距。

(2) 正、反桨。

多旋翼无人机为了抵消单个螺旋桨的反扭矩，各个桨的旋转方向是不一样的，所以需要正、反桨。正、反桨的气流都向下吹。此处需要注意的是，顶视逆时针旋转的桨是正桨，正桨符合右手定则，攥起右手拳头竖起大拇指，大拇指指向拉力方向，其他指头指向旋转方向。正桨英文用 CCW 表示，第一个"C"是英文单词反向的首字母，第二个"C"是英文单词时钟的首字母，"W"是英文单词方向的首字母，合起来就是逆时针桨。

在航空史的早期，螺旋桨飞机的设计和现代相比有着显著的差异。螺旋桨通常安装在飞机的前部，而启动这些大型螺旋桨往往需要人工干预。为了确保操作的安全性和便捷性，尤其是考虑到大多数飞行员为右利手，正桨（即逆时针旋转的螺旋桨）被设计为更易于手动启动。这种设计不仅符合人体工程学原理，还提高了操作的安全性。

随着时间的推移，航空发动机制造商不仅统一了航空活塞发动机的旋转方向，还明确定义了正桨（counter clockwise，CCW）和反桨（clockwise，CW）的概念。正桨的逆时针旋转特性，符合了大多数飞行员的操作习惯，而反桨的顺时针旋转特性则在特定的应用场景中发挥了作用。

特别是在推进式飞机的设计中，反桨的应用尤为关键。推进式飞机，即螺旋桨位于飞机尾部的设计，利用反桨的顺时针旋转方向，可以有效地减少飞机在高速飞行时的阻力，同时提高推进效率。这种设计不仅优化了飞机的性能，也体现了航空工程在不断演进中的创新精神。

通过这些历史实践，我们可以看到航空工程领域对于操作便利性、安全性以及性能优化的不懈追求。正桨与反桨的定义及其应用，不仅是技术规范的体现，更是航空工程发展史上的一个重要里程碑。

3. 桨的材质

桨的材质主要分为塑胶桨、碳纤维桨和木桨。按顺序，桨的刚度越来越好，即越来越不易变形。

（1）塑胶桨。

航拍需要考虑的是稳定和效率，小型多旋翼的桨选择 APC 桨和塑胶桨均可。大载重的可以选择碳纤维桨。载重很大再考虑选择木桨。无人机飞行中难免磕磕碰碰，因此桨在使用前应做动平衡。（注：桨的静平衡通俗来讲就是两个叶片是否一样重，桨的动平衡就是看转起来振不振，有没有出现双叶等现象）。市面上 APC 桨有 3 个大类，分别是原装 APC、ATG 生产的 APC 以及有 APC 桨外观的塑胶桨。它们的使用效果：原装 APC＞ATG 生产的 APC＞有 APC 桨外观的塑料桨。原装 APC 的效率很高，可以理解为续航长。小尺度的多旋翼使用续航时间甚至会优于碳纤维桨和木桨。塑料桨身比较软，大载重、高速、大拉力时会轻微变形，产生颤振（类似于电线在风中摆动）。通俗来说就是悬停时录制的视频很稳，若高速飞行就容易抖。

对于多旋翼无人机来说，高频振动越小，飞控的压力就越小，所以 APM 有席梦思减振，大疆有内置减振，所以从长远起见，勿使用劣质桨。

APC 还专为多旋翼无人机生产了专用桨系列。其优点：增强了桨的硬度，减少了质量，再次提高效率，解决了之前的高速转动桨尖变形问题；缺点：价格较贵，并且无合适的垫圈，需要自己找物料缩小孔径。

(2) 碳纤维桨。

碳纤维的材料性能及模具加工工艺，决定了碳纤维桨具有优异的刚度、硬度和准确的桨型，因此优质的碳纤维桨的效率优于木桨，价格比木桨更贵，稍低于同尺寸原装APC。碳纤维桨的优点：硬度高、刚度高不变形、效率高、颤振极小，是大多数航拍多轴的选择，并且某些桨体可以用螺丝固定，免除了桨打滑的烦恼；缺点：价格高，需要自己手工做静平衡，上机后根据振动再调动平衡，极脆，碰到硬物易受损。

(3) 木桨。

木桨的材料多为榉木，硬度高、质量轻，经过风干打蜡上漆以后不怕受潮。多旋翼无人机采用木桨的有可能会少于采用碳纤维桨和原装APC的。木桨的优点：振动极小、静平衡完美、无颤振、价格便宜等。如果多旋翼无人机存在难以消除的"果冻效应"，可以尝试更换木桨。当然，"果冻效应"的存在与电机的动平衡、机架的软硬、飞控的调参也有很大关系。木桨的缺点：效率低于原装APC及同尺寸优质的碳纤维桨。

4. 螺旋桨相关注意事项

要注意选择质量优良、动静平衡过关的产品。动静平衡不过关的产品，会让航拍画面毫无意义。而大负载的场合，进口木桨和碳纤维桨几乎是必选的。塑料桨在400 mm轴距以下的小尺度多旋翼无人机上经常采用，因塑料质量差异巨大，需谨慎选择。

由于物理惯性，加之电调直驱调速本来就存在滞后，所以如果桨太重，在多轴上就会表现为调速响应不及时，重桨只能被迫选用更低的飞控感度，使稳定性下降。轻巧的碳纤维桨则可在高效提供升力的同时，及时完成电调加减速响应，高感度飞行抗风更佳、姿态更稳定。一般的飞控说明书中很少提到螺旋桨质量与感度响应的关系，以至于飞手由较轻碳纤维桨更换为较重尼龙桨或木桨时，依旧使用以前的高感度飞行。无人机起飞后由于桨的惯性大大增加，动力系统无法及时响应飞控输出，飞控又对电调持续输出修正信号使之产生严重的自激振荡，酿成飞行事故。所以，如果自行更换螺旋桨，尤其是更换更大尺寸的螺旋桨，建议先恢复飞控默认感度或调低感度试飞，无自激情况后再逐步增加感度，直至姿态稳定。也就是说，非同规格桨替换，绝大部分情况都需要调整飞控感度。实际作业时，选择小一寸的螺旋桨，高转速、低惯性输出，在牺牲一点航时的前提下，往往会带来更平稳的飞行。

5. 螺旋桨选用原则

在不超负载的情况下，多旋翼无人机可以更换很多不同的螺旋桨，同样可以飞起来，但是飞行效果和续航时间却是大相径庭。螺旋桨选得适合，飞行更稳，航拍效果、续航时间都兼得；选得不好，可能效果就相反。

相同的电机，不同的KV值，用的螺旋桨也不一样，每个电机都会有一个推荐的螺旋桨。相对来说，螺旋桨配得过小，不能发挥最大推力；螺旋桨配得过大，电机会过热，会使电机退磁，造成电机性能的永久下降。

选择螺旋桨时应考虑以下因素：

①不同材质的螺旋桨，价格和性能差别较大，根据实际需要，选择最适合的螺旋桨。

②螺旋桨的型号必须与电机的型号相匹配，可参考电机厂家推荐使用的螺旋桨型号。

电机与螺旋桨的配型原则：螺旋桨越大，升力越大；螺旋桨转速越高，升力越大，需要的驱动力也越大；电机的 KV 值越小，转动力量就越大。因此，高 KV 值电机配小螺旋桨，低 KV 值电机配大螺旋桨。如果高 KV 值电机配大螺旋桨，电机力量不够螺旋桨带不动或低速运转，导致电机和电子调速器烧坏。如果低 KV 值电机配小螺旋桨，螺旋桨运转没有问题，但升力不够而导致无人机无法起飞。

知识点 3：电池

电池是电动多旋翼无人机的供电装置，为电机和机载电子设备供电。电池主要由正极(＋)导电高分子聚合物、负极(－)锂金属或锂碳层间化合物以及固态或胶态高分子电解质 3 部分组成。

1. 标称电压

电池的电压是用伏特(V)来表示的。标称电压是厂家按照国家标准标示的电压，实际使用时电池的电压是不断变化的。一般来说，一组或一个电池的电压都是标称电压，比如锂聚合物电池，其标称电压一般为 3.7 V，但使用中的实际电压往往高于或低于标称电压，锂聚合物单块电芯电池正常使用的最低电压是 2.7 V，最高电压是 4.2 V。不同种类电池的截止电压见表 1-10。

表 1-10 电池的截止电压

单位：V

电池种类	放电最低截止电压	充电最高截止电压
锂离子电池	2.7	4.2
锂聚合物电池	2.7	4.2
锂锰电池	2.7	4.2
锂铁电池	2.7	3.6
镍氢电池	0.8	1.5

2. 电池容量

电池容量是用毫安·时(mA·h)来表示的，它的意思是电池在 1 h 内可以放出或充入的电流量。例如，1 000 mA·h 就是这个电池能保持 1 000 mA 的电流持续放电 1 h。但是电池的放电并非是线性的，所以不能说这个电池在 500 mA 时能维持 2 h，不过电池的小电流放电时间总是大于大电流放电时间的，所以可以近似推算出电池在其他电流情况下的放电时间。一般来说，电池的体积越大，它储存的电量就越多，这样无人机的质量也就会增加，所以选择合适的电池对无人机的续航时间影响很大。此外，某些厂家生产的电池标称电量往往高于它的实际电量。

3. 充/放电倍率

(1)充电倍率。

充电倍率一般用于充电时限制最大充电电流，以免充电电流过大而损害电池的使用寿命，计算方法与放电电流相同，也用倍率(C)来表示。C 的倒数是电池放完电所用的时间,单位为 h。例如,1C 是 1 h 放完电,2C 是 1/2 h 放完电。如果一个电池标着 2 000 mA·h 以 2 000 mA 放电,则 1 h 完全放电;2 000 mA·h 电池以 6 000 mA 完全放电,为 3C(2 000 mA×3),因此,电池的 C 额定值是根据它的容量确定的。

(2)放电倍率。

电池的放电能力是以倍数,即放电倍率(C)来表示的,即按照电池的标准容量可达到的最大放电电流。例如,1C 是 1 h 放完电,2C 是 1/2 h 放完电。在实际使用中,电池的放电电流与负载电阻有关,根据欧姆定理,电压等于电流乘以电阻,所以电压和电阻是常数时,电池的放电电流也是一定的。

例如一个 1 000 mA·h、10C 的电池,最大放电电流可达 1 000×10=10 000 mA=10 A。

用 11.1 V、1 100 mA·h、10C 的电池,电机的电阻是 15 Ω,那么在电池电压为 12 V 的情况下,忽略电调和线路的电阻,电流为 12 V/15 Ω=0.8 A。

4. 串联/并联数

经常用"×S×P"表示多少电芯并联或串联的情况。×S(serice,串联)代表 1~4 电池组中串联电池的个数,例如 3S 代表内有 3 个电芯串联。×P(parallel,并联)代表电池组中并联电池的个数。因此,2 100 mA·h 电芯名为 3S4P 的电池组共有 12 个电芯。12 个电芯中,3 个串联电芯决定了电池组电压,因为串联电芯的数量决定电压大小。由于是 4 个电芯并联,所以最大放电电流是单个电芯最大放电电流的 4 倍。通常,11.1 V 的锂电池都由 3 个锂电芯串联而成(3S1P)。

5. 循环寿命

电池的循环寿命一般是指充满并放光一次电,即充电周期的循环数,但充电周期和充电次数没有直接关系。例如,一块锂电池在第一天只用了 1/2 的电量,然后又为它充满电。如果第二天还如此,即用 1/2 充电,总共充电两次,这只能算作一个充电周期,而不是两个充电周期。因此,通常可能要经过几次充电才能完成一个周期。每完成一个充电周期,电量就会减少一点,但减少幅度非常小。高品质的电池经过多个充电周期,循环寿命达到 500 次后仍能保持容量为初始值的 60%;国标规定循环 300 次后,电量应保持为初始容量的 70%。

6. 电池使用注意事项

(1)禁止反向充电。正确连接电池的正负极,严禁反向充电。若正负极接反,将无法对电池进行充电,而且会使电池受到破坏,甚至导致发热、泄漏、起火。

(2)新的锂电池组充电之前,应逐个检查电芯的电压。充/放电 10 次后,再检查电压。如果每次放电后电池都不平衡,必须更换其中的不良电池。

(3)尽量减少快速充电的次数。

(4)必须等锂电池完全冷却后才能充电,否则会严重损坏电池。刚用过的锂电池,即使表面已完全冷却,内部依然有一定余温。因此,应至少静置锂电池 40 min 以上再充电。

(5)考虑安全因素,充电时尽量使用防爆袋。

(6)切勿充电时无人看守。

(7)放在阻燃材料上充电,着火时可以避免其他物体燃烧,减少损失。

(8)放电电流不得超过说明书规定的最大放电电流,否则会导致容量剧减,并使电池过热膨胀。

(9)充电电流不得超过说明书规定的最大充电电流,使用高于推荐电流充电可能引起电池充/放电性能、力学性能和安全性能等方面问题,并可能导致电池发热或泄漏。

(10)充电电压不得超过规定的限制电压,通常 4.2 V 为每个电芯充电电压的上限。锂电池电压高于 4.2 V 属于过度充电,内部化学反应过于剧烈,会鼓气膨胀,若继续充电会燃烧。严禁采用直充(非平衡化)充电,否则可能造成电芯过度充电。

(11)电池必须在产品说明书规定的环境温度范围内进行充电,否则易受损坏。当发现电池表面温度异常(超过 50 ℃)时,应立即停止充电。

(12)电池必须在说明书规定的工作温度范围内放电。当电池表面温度超过 70 ℃时,暂时停止使用,直到电池冷却到室温为止。

(13)锂电池电压低于 2.75 V 就属于过度放电,此时锂电池会膨胀,内部的化学液体会结晶,这些结晶有可能会刺穿其内部结构层造成短路,甚至会使锂电池电压变为零。

(14)如果不需供电,一定要断开电调上的插头,以免电池发生漏电情况。

(15)若要发挥锂电池的最大效能,就要经常使用它,让电池内的电子始终处于流动状态。锂电池深度放电的程度越小,则使用的时间越长,如果有可能,应尽量避免完全充/放电。

7. 储存

电池应放置在阴凉的环境下储存,长期存放电池(超过 3 个月)时,建议置于温度为 10~25 ℃且无腐蚀性气体的环境中。电池在长期储存过程中,应每 3 个月充/放电一次,以保持电池活性,并保证每个电芯电压在 3.7~3.9 V 范围内。锂电池充满电时内部的化学反应很活跃。如果维持在满电状态,电压虽不会降低,但实际放电时化学反应会变得迟缓,放电平台下降,导致锂电池性能大不如前。因此,充满电的锂电池最好在 24 h 内使用。充满电的电池,不能满电保存超过 3 d,如果超过一周不放电,有些电池就直接鼓包了;有些电池可能暂时不会鼓包,但几次满电保存后就会毁坏。因此,正确的方式是准备试飞之前再给电池充电,如果因各种原因没有使用,也要在充满 3 d 内把电池放电到 3.8 V。

切记锂电池不可挤压、刺戳、高温加热。如果电池已经出现鼓包现象,建议不再使用,妥善处理并及时更换新电池。

8. 选用原则

(1)电池输出电流一定要大于电机的最大电流。

(2)电机工作电压由电调决定,而电调电压由电池输出决定,所以电池的电压要等于或小于电动机的最大电压。

(3)电池电压不能超过电调最高承载电压。

(4)电池的放电电流达不到电调的电流时,电调就发挥不了最高性能,而且电池会发热,产生爆炸,所以一般要求电池的持续输出电流大于电调的最大持续输出电流。

项目一　基于NAZA飞控的F450多旋翼无人机的组装与调试

(5)电池容量与无人机续航能力密切相关,电池容量越大,续航能力越强。

9. 电池与机架的常用搭配

电池与机架的常用搭配见表1-11。

表1-11　电池与机架的常用搭配

机型	常用电池配置
QAV180	3S 1 300 mA·h25C/45C
QAV250	3S 2 200 mA·h25C/45C
F330	3S 2 600 mA·h25C/45C
F450	3S 3 300 mA·h25C/45C

知识点4：电子调速器

动力电机的调速系统称为电子调速器(electronic speed controller,ESC,简称为电调)。其主要作用是将飞控板的控制信号转变为电流的信号,从而控制电流的大小,以此来控制电机的转速。

电调焊接在动力系统中心板上,通过线束与电机连接。针对动力电机不同,电调分为有刷电调和无刷电调。

1. 电调的作用

在整个飞行系统中,电调的主要作用为调节电机转速和控制电动机运转。电调是动力系统的重要组成部分,无刷电机必须通过无刷电调的驱动才能运转。

无刷电机是三相直流电机,每根电源线连接环绕在电机上的特定数量的定子,其中每组定子称为相。电调给电机的每相发送信号,以一定的时序来激励电磁线圈使电机旋转。这些都是通过电调里的一个微控制器进行控制的。

综上所述,电调具有以下功能:

(1)电调最基本的功能是通过飞行控制器给定PWM信号进行电机调速。

(2)电调为遥控接收器上其他通道的舵机供电。

(3)电调为飞行控制器供电。

(4)电调充当换相器的角色,因为无刷电机没有电刷进行换相(直流电源转化为三相电源供给无刷电机,并对无刷电机起调速作用),所以需要靠电调进行电子换相。

(5)电调还有一些其他辅助功能,如电池保护、启动保护、刹车等。

2. 无刷电调的基本参数

(1)使用电压。

使用电压就是电调所能使用的电压范围,超出这个范围电调将不能正常工作。例如,某40 A电调的使用电压为2S～6S,也就是说使用电压区间为7.4～22.2 V。其中,S是锂电池的一种电压表示方法。

(2)持续电流。

持续电流是电调可以持续工作的电流,超过该电流可能导致电调过热烧毁。如电调持续工作电流为 20 A,那么该电调就必须工作在 20 A 以内。电调可以在短时间内承受高于额定电流一定范围的电流即最大瞬时电流。例如,电机在全油门下需要 18 A 的电流,匹配的电调的持续输出电流要大于 18 A,考虑到余量安全性,建议选择加 30% 以上的电流,即 25~30 A 持续输出电流的电调。大疆 420S 电调电压为 17.4 V,电流为 20 A,即采用 4S 电池。

(3)信号频率。

电调信号的刷新频率决定了电调的响应速度。电调信号刷新频率一般为 30~499 Hz,多旋翼无人机宜选用高刷新频率的电调,更高的信号刷新频率可使无人机响应速度更快。

(4)PWM 驱动频率。

无刷电调对电机进行控制,都以 PWM 占空比方式进行调速,而 PWM 频率就是 PWM 信号的频率。目前,PWM 频率主要集中在 8~16 kHz。

(5)BEC 输出。

BEC 输出的电压通常为 5~6 V 的直流电压,可以直接从电池获取电源,并为其他设备提供稳定的电源。在选择无刷电调时,需要注意其是否具备 BEC 输出,并根据需要选择合适的输出电压和电流,以确保设备的正常运行。

(6)电调编程。

根据飞行需求或特定的性能要求,调整电调的参数或固件,使其能更好地适应应用场景。通过特定的编程接口或软件对电调进行参数设置或固件升级。常见的电调编程接口包括 UART、I^2C、PWM 等,具体接口及其方式因电调品牌和型号而异。

(7)油门行程设置。

设定油门控制信号的范围,即从最小油门到最大油门的行程,确保无人机的起飞、悬停和降落等操作能够平稳执行。飞手通过电调控制软件或飞行控制软件中的设置界面进行设置。

(8)反转电机的旋向。

在特定情况下,如无人机倒飞时,需要反转电机的旋向以确保无人机正常操控,此时通过改变电机旋转方向来完成,或更改电调参数,或使用特定的控制信号来实现,具体方法可能因电调和飞行控制器而异。

(9)电调的选择。

选择电调时,需要考虑功率需求、电压范围、电流容量、控制精度和控制信号类型等因素,选择的电调应与电机、电池和飞行控制器等其他组件相匹配,以确保无人机最佳的性能和稳定性。

① 电调的功能。

a. 通过飞控板给定 PWM 信号进行电机调速。

b. 为遥控器接收机上其他通道的舵机供电。

c. 为飞控供电。

d. 充当换相器的角色,因为无刷电机没有电刷进行换相,所以需要靠电调进行电换相。

e. 电调还有一些其他辅助功能，如电池保护、启动保护和刹车等。

②电调的指标参数。多旋翼无人机电调参数主要有电流、内阻、刷新频率，同时需要有可编程特性和较好的兼容性。

a. 电流。无刷电调最主要的参数是电调的持续电流，单位为 A，如 10 A、20 A、30 A。不同电机需要配备不同电流的电调。无刷电调有持续电流和瞬时电流两个重要参数，前者表示正常时的电流，后者表示电调承受的最大电流。

选择电调型号时一定要注意电调的最大电流是否满足要求，是否留有足够的安全裕度容量，以避免电调上面的功率管烧坏。

b. 内阻。电调具有相应的内阻，需要注意其发热功率。有些电调的电流可以达到几十安培，发热功率是电流平方的函数，所以电调的散热性能也十分重要。大规格电调的内阻一般都比较小。

c. 刷新频率。电机的响应速度与电调的刷新频率有很大关系。在多旋翼无人机开始发展之前，电调多为航模无人机而设计，航模无人机上的舵机由于结构复杂，工作频率最大为 50 Hz。相应地，电调的刷新频率也都为 50 Hz。多旋翼无人机不使用舵机，而是由电调直接驱动，其响应速度远超舵机。目前，高速电调可最高支持 500 Hz 的刷新频率。

d. 可编程特性。通过内部参数设置，可以达到最佳的电调性能。通常有 3 种方式可对电调参数进行设置：通过编程卡直接设置电调参数；通过 USB 连接，用计算机软件设置电调参数；通过接收机，用遥控器摇杆设置电调参数。设置的参数包括电池低压断电电压设定、电流限定设定、刹车模式设定、油门控制模式设定、切换时序设定、断电模式设定、启动模式设定及 PWM 模式设定等。

e. 兼容性。如果电机和电调的兼容性不好，就会发生堵转现象，即电机不能转动，所以要求电调的兼容性要好。

③电调驱动。电调驱动包括方波驱动和正弦波驱动。

a. 方波驱动。方波是数字信号，控制元件工作在开关状态，具有电路简单、容易控制、发热少等优点。

b. 正弦波驱动。正弦波属于模拟信号。模拟信号控制相对复杂，而且控制元件工作在放大状态，发热严重。但正弦波驱动在运行平衡性、调速范围和减少噪声、振动等方面要比方波驱动好得多。

④电调的选择。常用的电调品牌有好盈、银燕等。某企业生产的电调型号及其参数见表 1-12。

表 1-12 电调型号及其参数

型号	持续工作电流/A	瞬时电流/A	适用锂电池节数	长×宽×高/(mm×mm×mm)	质量/g	线性
ESC—3A	3	4	1	11×13×4	0.7	N/A
ESC—7A	7	9	1～2	22×12×55	5	1 A/5 V
ESC—12A	12	15	1～3	22×17×7	8	1 A/5 V
ESC—20A	20	25	2～3	55×28×7	28	2 A/5 V
ESC—30A	30	40	2～4	50×28×12	34	2 A/5 V
ESC—35A	35	45	2～4	59×28×12	38	3 A/5 V
ESC—50A	50	65	2～5	58×28×15	44	3 A/5 V
ESC—80A	80	100	2～6	63×28×18	60	3 A/5 V
ESC—100A	100	120	3～6	96×55×21	130	无

⑤选用原则。

a. 电调的功率匹配。电调的功率需要与使用的电机功率相匹配，以确保电调能够提供足够的电流给电机驱动。如果电调的功率过小，可能无法满足电机的需求，导致电机无法正常工作或效率低下。

b. 电调的负载适应能力。负载的大小和种类会影响电调的选择。如果需要驱动重负载或者高转速的电机，应该选择能够承受更大负载的电调。

c. 控制方式的匹配。电调有多种控制方式，如 PWM、PPM、SBUS 等。根据所使用的飞行控制器或遥控器，选择能够与之匹配的电调。

d. 电调的尺寸和质量。在选择电调时，需要考虑其尺寸和质量。对于小型或轻量级的无人机，需要选择尺寸较小、质量较轻的电调，以确保无人机的整体性能和稳定性。

e. 电调的品牌和质量。品牌和质量是选择电调的重要因素。选择知名品牌及高质量的电调可以保证其稳定性和可靠性，并延长其使用寿命。

f. 电调的散热性能。无刷电调在工作过程中会产生热量，因此需要考虑其散热性能。选择具有良好散热性能的电调可以确保无人机长时间稳定工作。

g. 其他附加功能。一些高级的电调可能还具备其他附加功能，如电池保护、启动保护和刹车等。根据实际需求选择具有相应功能的电调，可以进一步提高无人机的性能和安全性。

注意：

①在选择电调之前，应比较各品牌电调的性能参数和性价比，选择最合适的电调。

②电调和电机要合理匹配。

③电调的输出电流必须大于电机的最大电流。

项目一 基于NAZA飞控的F450多旋翼无人机的组装与调试

任务3 多旋翼无人机飞行控制系统的组装

在底中心板上安装NAZA-M Lite主控器、电源管理模块(PMU)、接收机、GPS、支架及LED指示灯。

DJI NAZA-M Lite飞行控制系统清单为：主控器(MC)、电源管理模块(PMU)、GPS及支架杆、LED指示灯、3P舵机线信号、3M胶纸，如图1-32所示。其接线如图1-33所示。另外配天地飞WFR09S接收机。

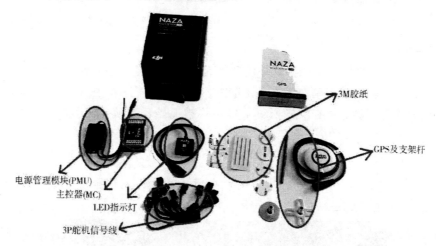

图1-32 飞控及其配件

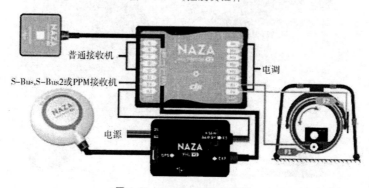

图1-33 NAZA飞控接线图

1. 安装主控器、PMU 和接收机

在底中心板上安装 NAZA-M Lite 主控器、电源管理模块(PMU)及天地飞 WFR09S 接收机。

(1)将电源管理模块(PMU)信号线一端接到主控器 X3 位置处(图 1-34)。

(2)WFR09S 接收机与主控器连接时，取 5 根 3P 舵机线，从 WFR09S 接收机 1~5 端口接主控器 A、E、T、R、U 端口，切记一一对应，如果用 S.BUS 方式需接线到 X2 口，如图 1-35 所示。

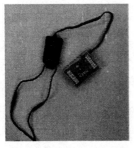

图 1-34 电源管理模块连接　　图 1-35 飞控与接收机的安装

(3)安装主控器。

①使用 3M 胶纸来固定主控器，并使其与无人机器机身水平面保持平行。

②主控器电调输出端应朝向无人机正前方，并尽量将其安装在无人机底板中心。

需要注意的是，确保主控器的所有端口不要被遮挡，方便布线及后面连接计算机进行调参。

2. 安装上中心板

安装机身上中心板。同样，拧螺丝时，力度要适度，先拧至 2/3 处，后全部拧紧，此时可以把 GPS 底座安在 M4 机臂螺丝孔上，如图 1-36 所示。

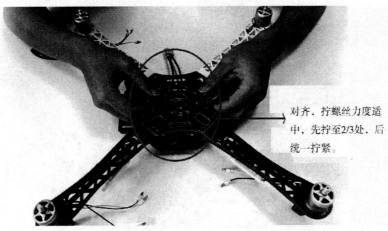

对齐，拧螺丝力度适中，先拧至2/3处，后统一拧紧。

图 1-36 安装上中心板

3. 安装电机和电调接线

电机3根接线（黄、红、黑）以及电调3个接线柱（U、V、W）的连接方式，推荐红接U、黑接W、黄接V；如果个别出现问题，在解锁测试时任意交换2根接线即可，此时需要注意电机有正反方向。再把4个电调的3P舵机信号线连接到主控器的M1、M2、M3、M4端口上，切记一一对应，注意极性。

确保各接线无误后，可以把各舵机线用扎带扎好。

4. GPS及LED的安装

注意事项：GPS指南针模块为磁性敏感设备，应远离所有其他电子设备。

（1）把GPS底座用3M胶纸安装在无人机的上中心板M4机臂螺丝孔旁。

（2）同样用3M胶纸把GPS固定在支架的顶盘上（注意支架置于至少远离螺旋桨1 cm处）。

（3）使用502胶水将GPS碳杆支架与底盘、顶盘连接。

（4）将GPS盖上标有箭头指向无人机机头的正前方，固定即可。然后将GPS接线口接到主控器EXP接口处，如图1-37所示。

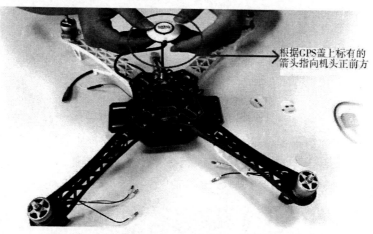

图1-37　GPS天线箭头方向与无人机机头方向一致

（5）LED安装在机尾M3机臂处，用3M胶纸固定好，接线口接到主控器LED接口处。最后，多出的GPS和LED线用扎带捆好，并且把电调用扎带固定好即可。

任务学习

飞行控制系统简称飞控系统，是控制无人机飞行姿态和运动方向的部件，是无人机完成起飞、空中飞行、执行任务、返场回收等整个飞行过程的核心系统，也称自动驾驶仪。这也是无人机区别于航模的根本原因之一。实际上，无人机的飞行控制系统就相当于有人机的飞行员，是无人机执行任务的关键。

飞行控制系统通过高效的控制算法内核，能够精准地感应并计算出无人机的飞行姿态等数据，再通过主控制单元实现精准定位悬停和自主平稳飞行。在没有飞行控制系统的情况下，有很多专业飞手经过长期艰苦地练习，也能控制无人机非常平稳地飞行，但是，这个难度和要求特别高，同时需要飞手有非常丰富的实战经验。如果没有飞行控制系统，飞手处于高度紧张的工作状态，需要时时刻刻关注无人机的动向，眼睛完全不可能离开它。而且，人眼的有效视距是非常有限的，即使能稳定地控制飞行，但是控制的精度也很可能满足不了航拍的需求，控制距离越远，控制精度越差。另外，对于不同的拍摄需求，以及面临不同的拍摄环境或条件，人为飞行控制更是难上加上，甚至根本不可能实现。

飞行控制系统是目前实现简单操控和精准飞行的必备"武器"。飞行控制系统集成了高精度的感应器元件，主要由陀螺仪（飞行姿态感知）、加速计、角速度计、气压计、GPS指南针模块（可选配）及控制电路等部件组成。根据机型的不同，可以有不同类型的飞行辅助控制系统，包括支持固定翼无人机、多旋翼无人机及无人直升机的飞行控制系统。多旋翼无人机飞行控制系统工作原理如图1-38所示。

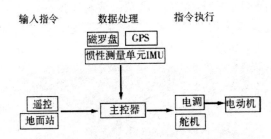

图1-38 多旋翼无人机飞行控制系统工作原理

主控器（图1-39）是飞行控制系统的核心，通过它将IMU（惯性测量单元）、GPS指南针、舵机和遥控接收机等设备接入飞行控制系统，从而实现无人机自主飞行。除了辅助飞行控制以外，某些主控器还具备记录飞行数据的黑匣子功能，如DJI的Ace One。主控器还能通过USB接口，进行飞行参数的调节和系统的固件升级。

图1-39 主控器

IMU包含三轴加速度计、三轴角速度计和气压高度计，是高精度感应无人机姿态、角度、速度和高度的元器件集合体，在飞行辅助功能中充当极其重要的角色。

GPS指南针模块包含GPS模块（图1-40）和指南针模块，用于精确确定无人机的方向及经纬度。对于失控保护自动返航，精准定位悬停等功能的实现至关重要。

LED指示灯模块用于实时显示飞行状态，是飞行过程中必不可少的，它能帮助飞手实时了解无人机的飞行状态。LED指示灯如图1-41所示。

项目一　基于NAZA飞控的F450多旋翼无人机的组装与调试

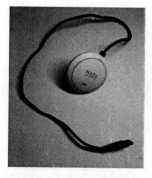

图1-40　GPS模块

图1-41　LED指示灯

知识点1：飞控系统的功能

飞控系统主要具有如下功能：
①无人机姿态稳定与控制。
②与导航子系统协调完成航迹控制。
③无人机起飞(发射)与着陆(回收)控制。
④无人机飞行管理。
⑤无人机任务设备管理与控制。
⑥应急控制。
⑦信息收集与传递。

以上所列的功能中第①、②和⑥项是所有无人机飞行控制系统所必须具备的功能，而其他项不是每种无人机都具备的，也不是每种无人机都需要的，根据无人机具体种类和型号可进行选择与组合。

多旋翼无人机一般通过电调控制各轴桨叶的转速来控制无人机的姿态，以实现转弯、爬升、俯冲、横滚等动作。

知识点2：大疆NAZA系列飞控(俗称哪吒飞控)

1. 大疆NAZA系列飞控组成

大疆NAZA系列飞控主要分为NAZA—M Lite、NAZA—M V1、NAZA—M V2。Lite为入门级产品，以V1平台开发，可以加GPS，无更多扩展功能；V1为第一代NAZA产品，V2为第二代NAZA产品，在V1的基础上硬件结构做了优化，有极强的扩展性能，支持ZenmuseH3—2D、NAZAOSD、NAZA蓝牙模块、iOSD、地面站。NAZA飞控如图1-42所示。

2. 大疆无人机飞行控制系统的功能

①实现精准定位、悬停。由于配置有GPS指南针模块，飞行控制系统可以实现锁定经纬度和高度的精准定位。即使碰到有风或者在其他外力的作用下，飞行控制系统也能通过主控单元发出的定位指令来自主控制无人机以实现精准定位、悬停。

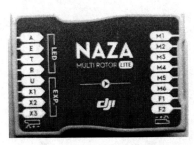

图 1-42　NAZA 飞控

②智能失控保护/自动返航降落。飞行控制系统能自动记录返航点，在飞行过程中，出现控制信号丢失，即无线遥控控制链路中断，飞行控制系统能自动计划返航路线，实现自动返航和降落，使飞行或航拍更加安全、可靠。

③低电压报警或自动返航降落。由于多旋翼无人机飞行系统普遍采用电池供电的方式，因此巡航时间有限。为保证更高效地完成飞行作业任务，飞行控制系统的低电压报警功能会及时通过 LED 指示灯提醒飞手当前的电压状态，在紧急情况下，还可以实现自主返航或者降落，以保证整个飞行系统的安全。

④内置（两轴）云台增稳功能。云台系统是无人机航拍不可缺少的设备，主要用以稳定照相机，从而拍摄出稳定、流畅的画面。越来越多的人采用无人机航拍，主要是因为其成本较低，性价比相对较高。除了无人机飞行系统以外，还需要挂载摄像设备来实现航拍。如果直接将摄像设备进行硬连接，会导致拍摄画面抖动或呈现"果冻效应"，这样的素材即使通过软件后期调试也基本不能使用。

⑤可扩展地面站功能。飞行控制系统还可扩展成更加强大的地面站功能，从而实现超视距全自主飞行。通过地面控制终端，可提前设定飞行航线、高度及速度等参数，一键即可实现从起飞、航线飞行到返航降落等全自主飞行功能。

地面站系统拥有 3D 地图和可视化飞行仪表，提供无人机姿态、坐标、速度、角度等实时飞行数据，同时也提供无人机及飞行控制系统状态信息。

⑥智能方向控制。智能方向控制分为航向锁定和返航点锁定，是一种为多旋翼无人机量身定制的辅助方向控制功能。在无法辨别无人机方向时，可充分利用该功能对无人机的方向进行控制。

⑦航向锁定。

a. 航向锁定功能允许无人机在飞行过程中保持一个固定的机头朝向，即无人机的前进方向。这个朝向是在飞行前通过主控单元（通常是飞控系统或遥控器）记录的某一特定时刻的机头朝向。

b. 启用航向锁定后，无论无人机进行何种移动或转向，其机头都会保持与记录时刻相同的方向。这在进行定点拍摄、作物喷洒等需要稳定朝向的任务中非常有用。例如，如果无人机在起飞时面向北方，启用航向锁定后，即使无人机移动到其他位置，其机头也将始终指向北方。

⑧返航点锁定。

a. 返航点锁定功能则是在无人机执行任务过程中，将返航点（通常是起飞点或预设的安全点)与无人机之间的连线方向作为无人机的前进方向。

b. 启用返航点锁定后,无人机的飞行路径将始终指向返航点,确保即使在复杂的飞行环境中,无人机也能顺利返回预定的安全位置。例如,如果无人机在执行任务时偏离了原定航线,返航点锁定功能可以帮助它沿着返航点方向飞行,从而简化了返回路径并提高了安全性。

⑨热点环绕。热点环绕的功能是在GPS信号良好的情况下,可以通过拨动遥控器上预先设置好的开关,将无人机当前所在的坐标点记录为热点。

以热点为中心,在半径5~500 m的范围内,只需要发出横滚的飞行指令,无人机就会实现360°的热点环绕飞行,机头方向始终指向热点的方向。该功能设置简单、使用方便,可实现对固定的景点进行全方位拍摄。

⑩断桨保护功能(六轴及以上的机型)。断桨保护功能是指在姿态或GPS姿态模式下,无人机意外缺失某一螺旋桨动力输出时,可以采用牺牲航向轴控制的方法,继续保持飞行水平姿态。此时,无人机可以继续被操控,并安全返航。这一设计大大降低了无人机炸机的风险。

知识点3:无人机飞控系统的特点

(1)一体化设计和先进姿态算法。

飞控系统采用一体化设计,内置先进的算法,能够实时精确地计算和调整无人机的姿态,确保其在飞行过程中的稳定性。

(2)多选控制模式。

飞控系统提供多种控制模式,包括手动模式(提供手动、姿态、失控保护等选项)、姿态模式、GPS模式,以适应不同飞行条件和飞手的需求。

(3)智能方向控制。

飞控系统具备航向锁定和返航点锁定功能,允许无人机在飞行中保持特定方向或沿着返航点方向飞行,提高任务执行的精确度。

(4)增强型失控保护。

在无人机失控时,飞控系统能自动执行降落或返航并自动熄火,最大限度地减少损失和风险。

(5)支持多种旋翼配置。

飞控系统兼容四旋翼(I、X型)、六旋翼(I、V、Y、IY型)、八旋翼(X、I、V型)等多种旋翼配置,适应不同的无人机设计。

(6)掰杆启动和停止。

飞控系统提供立即模式和智能模式两种停止类型,飞手可通过掰杆动作快速启动或停止无人机飞行。

(7)远程调参。

飞控系统允许通过远程设备调整飞控系统参数,提高操作的灵活性和便利性。

(8)云台增稳支持。

飞控系统支持两轴云台增稳,适配多频率云台舵机,确保在八轴无人机上也能实现稳定的画面(八轴配置时不支持云台)。

(9) D-BUS接口兼容性。

飞控系统具备 D-BUS 接口，支持 S.Bus 接收机和 PPM 接收机，增强了与其他设备的兼容性。

(10) 电压检测和低压报警。

飞控系统实时监控电池电压，并在电压过低时发出警报，确保飞行安全。

(11) 四通道遥控器支持。

飞控系统兼容四通道遥控器，提供更丰富的控制选项。

(12) 电机怠速调节。

飞控系统新增电机怠速五级可调功能，允许飞手根据需要调整电机的怠速，优化飞行性能。

(13) IMU校准。

飞控系统支持惯性测量单元(IMU)校准，提高姿态测量的准确性。

(14) PMU扩展模块支持。

飞控系统支持 PMU 扩展模块，可连接 iOSD、H3-2D 云台、NAZA-M BTU 模块等附加设备，增强无人机的功能性。

任务4　无人机遥控器的认识

认识无人机遥控器(图 1-43)各个通道的功能，了解其操作方式。

知识点1：遥控设备认知

无线电遥控器是指利用无线电波传送飞手对模型动作的指令，模型根据指令做出各种飞行姿态，即通过模型配套的接收机控制无人机飞行。

遥控器包括两部分：发射机和接收机。遥控器也称发射机，顾名思义就是一种用来远程控制机器的装置。与它对应的就是用来接收信号的接收机。

遥控器的作用是给无人机端的接收机发送指令，并经由接收机把信息传送给飞控处理，当飞控接收到来自地面端的指令后就会执行相应的动作。

遥控器通常可以根据通道数、信号调制方式和编码调制方式不同进行分类。

1. 通道

通道是指通行指令信号的道路，通俗地讲就是模型里的每个单独的可操作功能。

项目一　基于NAZA飞控的F450多旋翼无人机的组装与调试

图 1-43　遥控器

遥控器上的一个通道相对应一个信号，这个信号使得我们的模型可以做出相应的动作，如油门、航向、横滚、俯仰都各需要一个通道。

车/船至少要2个通道分别控制方向和速度，固定翼无人机需要3个以上的通道，典型的多旋翼无人机需要至少5个通道，其中4个分别用于控制无人机的滚转、俯仰、偏航及油门，最后1个用于飞行控制器飞行模式的切换。但有时还需要更多的通道，以便增加其他控制功能，如控制相机的上下俯仰、拍摄照片或收放起落架等。对于一些更高级的无线电遥控系统，可以通过一个通道控制多个功能，从而实现混控。

通道反向是指某个通道的输出与遥控器操控方向不一致，可通过遥控器或地面站各个通道进行方向修改。

2. 操作模式

遥控器配备的左右两个操作杆主要用于控制无人机的4个基本飞行动作：横滚、俯仰、油门和航向。这些控制动作分别对应于遥控器的4个通道：CH1控制副翼，CH2控制升降舵，CH3控制油门，CH4控制方向舵。具体如下：

①CH1(Channel 1)：通常被称为副翼通道，用于控制无人机的横滚动作，使无人机可以左右倾斜，进行水平面内的转向。

②CH2(Channel 2)：称为升降舵通道，用于控制无人机的俯仰动作，使无人机可以向前或向后倾斜，实现爬升或下降。

③CH3(Channel 3)：油门通道，控制无人机发动机的功率输出，从而调节飞行速度和悬停高度。

④CH4(Channel 4)：方向舵通道，控制无人机的偏航动作，即使无人机可以绕垂直

轴旋转，改变飞行方向。

名称的来历源于对固定翼无人机的控制。无人机遥控的通道数量没有严格的规定，更复杂的无人机还会有收放起落架、襟翼（即第二副翼）、降落指示灯、降落伞及相机等作，这就需要更多的通道支持。

3. 混控

混控是利用遥控器内的编程功能，用一个开关控制多个通道，或者两个开关控制一个通道。最常见的如三角翼混控制，不依靠垂尾控制航向，使用两个副翼舵机同时实现俯仰与横滚。

4. 通信协议

通信协议指不同遥控器与之配套的接收机之间通信的语言类型。

5. 回传功能与失控保护

遥控回传是指通过接收机将无人机的某些实时参数回传到遥控器的功能。例如，重要的回传数据 Rssi（遥控信号强度），除此之外还有无人机电池电压、姿态等数据。

失控保护定义了当无人机接收机与遥控发射机失联时的飞行方式。虽然这种情况很少发生，但仍然有可能会出现。例如，发射机电量耗尽，或无人机飞出了无线电遥控发射机的工作范围等。对于遥控发射机来说，当接收机收不到控制信号时，需要执行自动反应，让无人机尽量平稳落地，减小损失。

6. 接收机的对频

对频又称对码，是将接收机与指定的遥控发射机进行连接，这类似于蓝牙设备与手机配对连接。

以乐迪 AT9 遥控器为例，先打开遥控器，然后给接收机通上电，再用一根细棍，按住对码开关 1～2 s，接收机灯闪 8 次左右之后停止闪烁，对码成功，可以连接舵机操纵摇杆测试一下效果。

对码过程中无须特别的辅助材料，并且对码过程中接收机会自动寻找距离最近的乐迪遥控器与之对码，一次对码之后无须再次对码，十分方便快捷。

7. 2.4 GHz 遥控器的技术特点

常见的无线遥控器按照使用技术不同，主要有红外遥控器和 2.4 GHz 遥控器。

目前，2.4 GHz 制式已经成为遥控器产品的主流制式。此类遥控器抗干扰能力强，通信带宽大，可支持图像、飞行参数等信息的回传。首先，2.4 GHz 频段的频带宽度远宽于 72 MHz、40 MHz、35 MHz 等频段（72 MHz 频段仅含 50 个频点，2.4 GHz 可含 400 个频点），可用频点数很多，因此重频概率远低于传统频率遥控器；其次，2.4 GHz 电磁波直线性好，天线较短，使用方便；最后，2.4 GHz 无线电波绕射能力较强，在有障碍物遮挡的情况下不易失控。

项目一　基于NAZA飞控的F450多旋翼无人机的组装与调试

任务5　多旋翼无人机的整机调试

无人机调试主要是软件部分的调试，包括飞行控制器调试、遥控器和接收机调试、动力系统调试等。其中，飞行控制器调试包括飞控固件的烧写、各种传感器校准和飞行控制器相关参数的设置等；遥控器和接收机调试包括对码操作、遥控模式设置、通道配置、接收机模式选择、模型选择、机型选择、舵机行程量设置、中立微调和微调步阶量设置、舵机相位设置、舵量显示操作、教练功能设置和可编混控设置等；动力系统调试主要包括电调调参等内容。

调试前准备工作如下：

（1）连接线路。

检查调试飞控板与电调连接线路。检查飞控板针脚上的3个标记是否与电调线的颜色对应。除了线序，还要区分电调的顺序，检查电调连接的电机是否连接到对应的飞控板的电调针脚上。

（2）飞控板与遥控接收机连接线路。

遥控接收机不需要额外电源，其电源由飞控板提供，要检查遥控接收机的通道。遥控接收机的通道是6通道，应检查其对应方式是否正确。确认所有连接线路准确无误后，在通电之前，先测试工作电压，检查插头方向，然后接通电源（连接电池）进行首次通电测试，检查飞控板、电调和电机是否正常通电。

知识点1：多旋翼调试步骤

1. 多旋翼无人机无桨调试

为了避免在调试时产生危险，应先将不需要安装桨叶就能调试的内容调试完，再进行必须安装桨叶才能完成的调试内容。无桨调试主要包括以下内容：

①连接所有电路，接通电源，进行首次通电测试，检查飞行控制器、电调、电机、舵机、接收机、数据传输、图像传输和摄像头等设备是否正常通电，检查有无出现短路或断路现象。

②检查遥控器，进行对频及相关设置，确认遥控器发出的各个通道信号能准确地被

接收机接收到并能传送给飞控。

③将飞控连接到计算机，用调试软件（地面站）对飞控进行调试，如烧写固件、设置接收机模式、遥控器校准、电调校准、加速度计校准、陀螺仪校准、设置飞行保护措施、设置飞行模式、通道设置和解锁方式等。

④接通电源，推动油门，检查电机的转向是否正确，如果不正确，则通过调换电机任意两根电源线来更换转向。

确认以上内容都调试完毕并能通过遥控器解锁无人机，操作遥控器各个通道，观察无人机是否有相应的反应。固定翼无人机还可通过人为改变无人机姿态的方式查看舵面变化情况，如果不正确，则应检查舵机型号及安装是否相反。此时完成了无人机的无桨调试。

2. 多旋翼无人机有桨调试

无人机的首次飞行往往会出现各种意外。有桨调试时，无人机上已经装好螺旋桨，并会产生高速旋转，为确保飞手和设备的安全，在飞行前要进行一系列的检查。

(1) 根据电机转向，正确安装螺旋桨。

(2) 限制无人机。

将无人机放在安全防护网内试飞，或通过捆绑的方式限制无人机。无人机第一次试飞可能会出现各种意外情况，通过防护网或捆绑可以有效保护人员和设备的安全。

(3) 飞行测试。

通过飞行状态检验无人机工作是否正常，具体包括：

①先打开遥控器电源，再接通无人机电源，根据之前调试所设定的解锁方式进行解锁，解锁后油门保持最低且能使螺旋桨旋转的位置。

②起飞检查。在推动油门时不要触摸其他摇杆。当无人机开始离地时，观察无人机的飞行趋势，然后操控遥控器以相反的方向使无人机能平稳地起来。如果一起飞就大幅度偏航或翻倒，立刻将油门拉到最低，将无人机上锁，再关掉无人机电源检查问题所在，通常是线路问题或遥控器通道反相问题。

③基本功能检查。当无人机飞起来后，依次缓慢操作其他摇杆（副翼、偏航、升降和飞行模式等），观察遥控器各通道正反相是否正确，各通道是否对应无人机的动作，检验飞行模式是否正确并能正常切换。

④飞行性能检查。检查无人机起飞和降落是否平稳，4个基本动作（前进、左右、上下、旋转）角度是否正常、动作是否平稳、是否有振动，摇杆回中后观察无人机回中的响应是否及时。此类问题大部分通过地面站调试和PID参数调试解决。各种飞控地面站不相同，调试方法也不相同，但基本思路一致。

知识点 2：无桨调试过程

1. 连接线路检查调试

（1）飞控板与电调连接线路。

检查飞控板针脚上的 3 个标记是否与电调线的颜色对应。除了线序，还要区分电调的顺序，检查电调连接的电机是否连接到对应的飞控板的电调针脚上。

（2）飞控板与遥控接收机连接线路。

遥控接收机不需要额外电源，其电源由飞控板提供，要检查遥控接收机的通道。遥控接收机的通道是 6 通道，应检查其对应方式是否正确。确认所有连接线路准确无误后，在通电之前，先测试工作电压，检查插头方向，然后接通电源（连接电池）进行首次通电测试，检查飞控板、电调和电机是否可以正常通电。

2. 遥控器检查调试

遥控器检查的内容主要是通电后是否可以接通、发出信号。不同产品的遥控器与遥控接收机的匹配操作是不同的，这里以天地飞 WFT06X－A 遥控器为例进行介绍。

（1）遥控器对码。

①接通电源后，按住遥控接收机（型号为 WFR6S 2.4GHz）上的 SET 键，直至 STATUS（状态）进入慢闪状态。

②按住遥控器上的 SET 键（按住 SET 键不松手，将电源开关拨至开机处）开机，然后松开 SET 键。

③再次按下 SET 键，进入对码。这时，遥控器上橙色灯 STATUS（状态）常亮。

④长按 SET 键，至橙色灯慢闪，进入对码状态。

⑤等待对码成功。对码成功时遥控器绿灯常亮，遥控接收机指示灯熄灭。对码成功后切断四旋翼无人机和遥控器的电源。

（2）检查电机工作是否正常。

①遥控器和遥控接收机对码成功后，接通四旋翼无人机电源，再打开遥控器电源，等待遥控器与遥控接收机连接。切记不可推动遥控器摇杆。

②遥控器与遥控接收机连接成功后，开始解锁飞控板（解锁后，推动飞控板油门即可使电机转动）。遥控器有日本手和美国手之分，两者解锁方式不同，解锁后飞控板上的灯会常亮。

③检验电机旋转方向。经过以上两步后可以推动飞控板油门，推到一定程度时电机开始转动。油门推得越大，电机转速越高。判断电机旋转方向的方法：准备一张纸条（宽 1～2 cm、长 5～8 cm），拿住这张纸条的一端，使纸条另一端接触转动的电机，通过观察纸条弯向哪一端来判断电机的转动方向。如果电机方向选择不正确，可以切断电源，然后交换电机的任意两根线即可。

④遥控器中点校准。将飞控板 PITCH 电位计逆时针方向旋转到底，遥控器上的微调全部回零，打开发射机电源，接通 KK 飞控板电源，则 KK 飞控板上的 LED 灯会闪烁数下。稍等 2 s，又闪动一下，将 KK 飞控板断电，PITCH 电位计调回默认位置。

⑤校准油门行程。将 YAW 电位计逆时针方向旋转到底，遥控器油门调到最大（遥控器不能断电）。接通飞控板电源，在 LED 灯快速闪烁几下、电机发出"嘀嘀"两声后，快速把油门拉到最低，电调发出数下短音，然后发出一声长音，校准完成。此时推动油门，4 台电机会同时启动。然后断开飞控板电源和遥控器电源，YAW 电位计调回默认位置。在逐个给电调加电校正油门行程的情况下，有可能会出现其中某台或多台电机启动微调级别时发生启动不一致的情况，需要重新校准油门行程，直到所有电机能够同步启动和停止。

⑥遥控器油门微调。向下按油门微调按钮（微调值不宜过大，否则电机无法提供足够的动力），然后接通飞控板电源，打开遥控器开关，等待遥控器与遥控接收机连接。

遥控器与遥控接收机连接成功后，将油门置于最低，再缓慢推动油门，电机就会慢慢开始转动。调整完毕后需要将飞控板再次锁定。

3. 飞控调试

以大疆 NAZA－M Lite 飞控板的调试为例，进行飞控调试步骤的具体介绍。

（1）安装 NAZA－M Lite 调参软件。

①打开大疆官网首页，点击"全部产品"→"NAZA M LITE"→"支持及下载"→"技术支持"，下载，NAZA－M Lite 调参软件 v1.00 和大疆驱动程序。直到出现一个对话框，有个绿色的勾就说明驱动程序安装成功了。

②打开大疆调参软件，输入用户名和密码，进行登录。

（2）连接无人机和计算机。

用 USB 线通过 LED 灯的接口与计算机进行连接。

（3）通电。

①打开遥控器。

②插电源，注意在插电源前对电压进行测试，查看电压是否在正常范围内。

③通电时电机自检，观察飞控板的指示灯状态，确保没有异常，同时可以听到声音提示，声音结束后自检完成，准备进行调参。

（4）调参。

①接收机与遥控器对频。如果刚开始接收机与遥控器没有对频，则接收机红灯亮，按下 SET 键，指示灯闪烁，此时接收机在搜寻对频遥控器。

②打开遥控器的选键开关，选择参数设置的"高级设置"→"对码"→"确认"，此时接收机灯灭，完成对频，遥控器返回到首页。

③此时无人机与计算机已经连接好，下一步进入计算机界面，查看基础信息的连接情况。

④参数调节，进入基础设置界面设置。

（5）机型选择。

根据飞手的情况在该页面选择自己所使用的无人机类型，这里选择 X 型四旋翼无人机，接收机类型选择普通型，如图 1-44 所示。

在进行软件调参之前，请先确保飞手已根据《NAZA－M Lite 用户手册》正确安装了

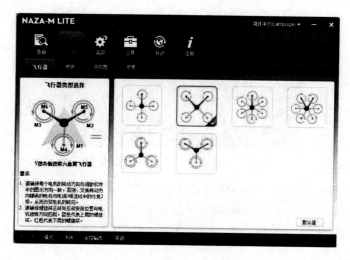

图 1-44　无人机机型选择

无人机。

每种无人机类型图中标记的 M1~M6 与主控器输出端口 M1~M6 相对应。箭头表示电机和桨的旋转方向。

注意：

①请确保每台电机的转向方向与调参软件中的图示方向一致。否则，交换转动方向错误的电机与电调 3 根连线中的任意 2 根，从而改变电机的方向。

②请确保螺旋桨正桨及反桨安装位置与电机旋转方向匹配。

(6) 主控和 GPS 安装位置。

将电池、相机云台和相机等所有飞行中将用到的负载全部安装在机身上。平衡负载使无人机与 GPS 模块的安装位置及方向正确，然后才在该页中填入 GPS 与无人机重心的距离，如图 1-45 和图 1-46 所示。

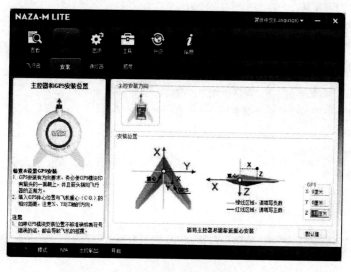

图 1-45　主控与 GPS 安装位置

图 1-46 主控和 GPS 安装位置实物图

图 1-45 中有两个坐标系,中心点代表飞控,X 轴、Y 轴、Z 轴表示分别表示飞控中心点到 GPS 的长度、飞控中心点到 GPS 安装点底部的宽度、飞控中心点到 GPS 的高度,其中 X 轴、Y 轴呈红色,均为正数;Z 轴向下,呈红色,为负数。飞控安装方向确定后机头方向便已经确定,即箭头方向,GPS 安装方向在飞控方向的东北方向,飞手需要根据实际的安装位置量取具体数据,并将量取的数据填入安装界面右下角 GPS 的 X 轴、Y 轴、Z 轴中。

注意:如果无人机的重心发生改变(如负载改变了),请务必重新设置。

(7) 遥控器/接收机通道设置。

先准备遥控器和对应的接收机,再配置该步所有内容,如图 1-47 所示。接收机类型选择普通型。

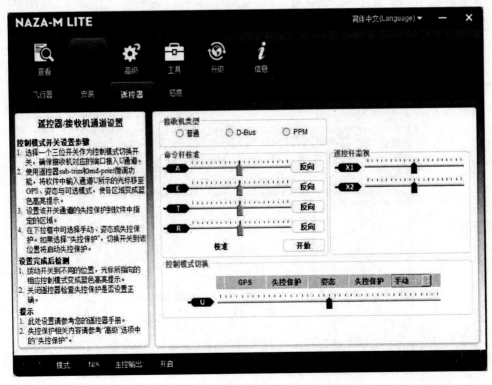

图 1-47 遥控器/接收机通道设置

命令杆校准：A、E、T、R 分别代表副翼、俯仰/升降、油门、方向。

点击开始校准，将 4 个通道杆量打至最大量，看命令杆移动方向是否与遥控器移动方向一致，若反向则调整后端正常/反向开关，也可以每个杆单独校准。

校准完毕后所有通道均回到中位。

注意：请在每次更改遥控器设置或更换接收机之后重启主控，并重新进行相关设置。

（8）控制模式切换。

模式转换开关一共 3 种：GPS 模式、姿态模式及手控模式，在遥控器上寻找可以设置 3 个通道的开关，如图 1-48 所示。

图 1-48　3 个通道的开关

B 通道（即三通道开关，图 1-49）可以切换 3 个通道，软件上就会分别显示 3 种模式，如果 3 个通道位置不正确，则设置如下：遥控器参数设置界面→选择辅助微调调置选项进行设置→通道 5→B 通道，设置好后返回到辅助微调调置界面（图 1-50），选择第 5 个通道（图 1-51），进入起落架设置，将开关电门调到对应的位置，假如现在在 GPS 位置，则 B 通道的开关电门在最上面的位置，若不在此位置，则通过调节"＋""－"来调节，并对照软件里的位置调整，直到光标对应 GPS 蓝色中间区域为止。以此类推，调整其他两种模式。

图 1-49　B 通道

图 1-50　辅助微调调置　　　　图 1-51　第 5 个通道设置

(9) 操作感度调节。

基础感度的感度过高可能导致无人机在该方向出现振荡，过低会导致无人机操作性和稳定性都变差，甚至无法操控。

姿态感度决定打杆时姿态响应速度的快慢，感度越大，响应越快。感度太高会造成飞手的控制感受过于僵硬，感度太低会造成飞手的控制感受过于柔和。"感度"界面如图 1-52 所示。根据飞手自己的习惯来调节感度，一般都是设置为默认值 100%。

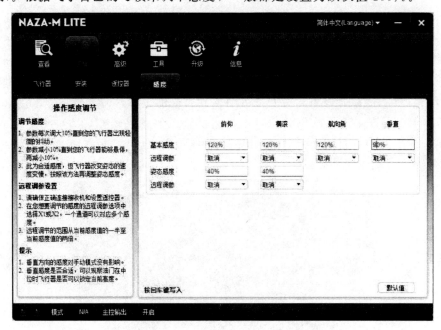

图 1-52　"感度"界面

(10) 参数调节。

①马达相关设置。包括马达怠速设置和点击停止类型设置。"马达"界面如图 1-53 所示。

项目一　基于NAZA飞控的F450多旋翼无人机的组装与调试

马达怠速设置→推荐值。

停止类型设置→智能。

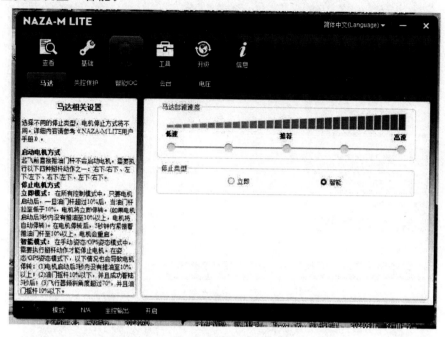

图1-53　"马达"界面

(11)增强型失控保护相关设置。

增强型失控保护功能是飞行控制系统的高级功能之一。开启该功能后，一旦主控失去控制信号会触发该保护，实现无人机自动降落或者自动返航降落(需要接入GPS模块)，最大限度地减少了坠机的可能性。"失控保护"界面如图1-54所示。

自动下降：根据实际需要，一般近距离建议选择自动下降。

自动返航降落：根据实际需要，如果飞行较远，不清楚地面的情况，一般建议选择自动返航降落。

注意：由于自动返航需要有一个返航点，所以使用该功能需要接入GPS模块，并且成功记录返航点。

(12)智能IOC(智能方向控制)。

智能方向控制是无人机飞行控制系统的高级功能之一，包括航向锁定飞行和返航点锁定飞行。在普通飞行过程中，无人机的飞行方向始终与无人机的机头朝向一致；启用智能方向控制后，无人机的飞行方向和无人机的机头朝向无关，一般选择关闭状态。"智能IOC"界面如图1-55所示。

注意：

①在使用航向锁定时，飞行前和主控记的某一时刻的机头朝向一致。

②在使用返航点锁定时，飞行前向为返航点到无人机的方向。

③飞行前向定为推俯仰杆后无人机的实际飞行方向。

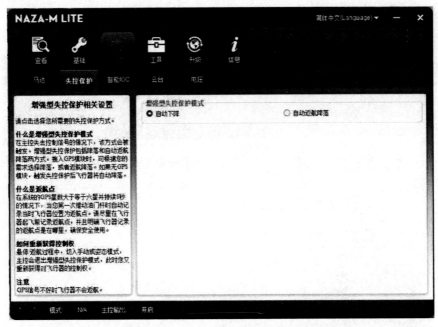

图 1-54 "失控保护"界面

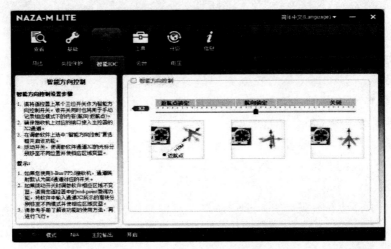

图 1-55 "智能 IOC"界面

(13)云台设置。

根据云台载量来调整,不使用云台,则选择关闭状态。

如果需要使用云台,根据本页面内的操作进行相关参数设置。"云台"界面如图 1-56 所示。

本系统支持 2 轴云台(横滚/俯仰),仅支持中位为 1 520 μs 的舵机。使用时连接横滚舵机到主控器 F1 端口,俯仰舵机到 F2 端口。

注意:如果飞手在参数设置时开启调参软件中的云台控制,F1 和 F2 端口将有输出。此时不要与安装有桨翼电机的电调连接。

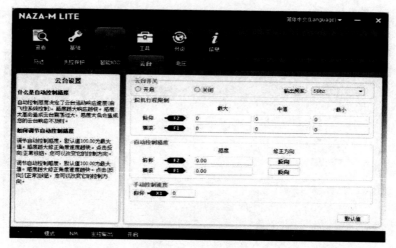

图 1-56 "云台"界面

(14) 电压保护设置。

为了避免电池电压过低而造成摔机等严重后果,将无人机设计了两层低压保护措施。飞手可以选择不使用,但建议开启该功能。

飞手在设置时先对电压进行校准,进入"电压"界面,如图 1-57 所示。

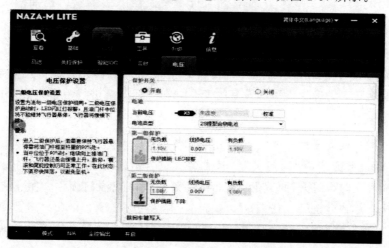

图 1-57 "电压"界面

①一级电压保护启动时,保护措施是 LED 报警,一般设置为 11.30 V,可根据距离的远近来调整。

②二级电压保护启动时,保护措施是下降,一般设置在 11.10 V,可根据距离的远近来调整。

注意:

①飞手可以通过电压计或者调参软件的当前电压,来获得电池任一时刻的电压值。

②确保电调保护电压低于单节电池 3.1 V,否则低压保护将不起作用。

(15) 工具设置。

根据实际情况校准,注意先将无人机放平,不能移动无人机及周围物品。"工具"界面如图 1-58 所示。

步骤：点击"基础校准"→"是"→打"√"。

图 1-58 "工具"界面

5．完成调参后检查电机转向

此时将 LED 灯的插头取下并放平无人机，遥控器解锁少量，推油门，找到机头方向，分别检查 4 台电机的转向是否正确。

6．上桨调试

无人机的首次飞行往往会出现各种情况。上桨调试时，无人机已经安装好螺旋桨，并会产生高速旋转，为确保飞手和设备的安全，在飞行前要进行一系列的检查。

7．无人机试飞

在调试过程中或完成后需要实飞测试，应当注意以下 10 个方面。

(1) 遥控器上务必设置"油门锁"。养成无人机上电时，确认油门是否被锁住的好习惯。无人机临起飞时再打开油门锁。无人机一落地立即把油门锁住，防止走动过程中误触碰油门摇杆，导致电机转动伤人。

(2) 在上电前，仔细检查确保当前无人机与遥控器所选的无人机型号相对应，避免控制错误。

(3) 若遥控器没有办法设置油门锁，给无人机上电时，不要把遥控器挂在胸前或立放在地上，防止误碰油门摇杆。

(4) 起飞前先试各个舵面方向反应是否正确，新手不要试飞机身不正、舵机乱响等的无人机。

(5) 给无人机上电时，确认电池电量是充足的，而不是刚刚用过的。

(6) 若使用桨保护器，要经常检查绑扎螺旋桨的皮筋是否老化，尤其是放置了一段时间没飞的无人机。

(7) 手拿无人机时，手握无人机的位置必须避开桨叶转动可以打到的地方。

(8) 拿到刚刚降落的无人机，即便是锁了油门锁，也是要立即断开电池与电调的连接。

(9)没有起落架的尾推类无人机(飞翼等)尽量用高 KV 值的电机和小桨,采用正确的姿势把无人机抛出,防止打到手(越小的飞翼,越容易打到手)。

(10)新手在任何情况下,飞任何机型,都不要试图用手接住正在降落的无人机。

8. 异常处理

如果无人机出现异常或无法稳定飞行,需要进一步检查以下 3 点。

(1)连接:确保所有连接都稳固,特别是电机和电调的连接。

(2)传感器校准:重新校准加速度计、陀螺仪和气压计。

(3)电机方向:确保电机方向正确,无反转。

9. 安全注意事项

在整个调试过程中,始终要注意安全。避免无人机在有风或不稳定的环境中飞行,确保无人机不会飞到禁飞区或人口密集区域。

10. 后期维护

定期检查无人机的各个部件,特别是电池和螺旋桨的状态,确保无人机的安全和性能。

课后习题

一、选择题

1. 多轴无人机上的电信号传播顺序一般为(　　)。
   A. 飞控→机载遥控接收机→电机→电调
   B. 机载遥控接收机→飞控→电调→电机
   C. 飞控→电调→机载遥控接收机→电机

2. 电调上最粗的红线和黑线用来连接(　　)。
   A. 动力电池　　　　B. 电机　　　　C. 机载遥控接收机

3. 某多轴电调上标有"30A"字样,是(　　)。
   A. 电调所能承受的最大瞬间电流是 30 A
   B. 电调所能承受的稳定工作电流是 30 A
   C. 电调所能承受的最小工作电流是 30 A

4. 某多轴电调上有"BEC 5V"字样,意思是(　　)。
   A. 电调需要从较粗的红线与黑线输入 5 V 的电压
   B. 电调能从较粗的红线与黑线向外输出 5 V 的电压
   C. 电调能从较细的红线与黑线向外输出 5 V 的电压

5. 电子调速器英文缩写是(　　)。
   A. BEC　　　　B. ESC　　　　C. MCS

6. 经测试,某多轴无人机稳定飞行时,动力电池的持续输出电流为 5 A,该多轴可以选用(　　)。

A. 5 A 的电调　　　B. 10 A 的电调　　　C. 30 A 的电调

7. 某多轴电机标有"2208"字样，意思是（　　）。

A. 该电机最大承受 22 V 电压，最小承受 8 V 电压

B. 该电机转子高度为 22 mm

C. 该电机转子直径为 22 mm

8. 有 2 个输出功率相同的电机，前者型号为 3508，后者型号为 2820，以下表述正确的是（　　）。

A. 3508 型电机适合带动更大的螺旋桨

B. 2820 型电机适用于更高的转速

C. 在尺寸上，2820 型电机粗一些，3508 型电机高一些

9. 某多轴电机标有"1 000 kV"字样，意义是（　　）。

A. 对应每伏特电压，电机提供 1 000 000 r/min 转速

B. 对应每伏特电压，电机提供 1 000 r/min 转速

C. 电机最大耐压 1 000 kV

10. 某多轴动力电池容量为 6 000 mA·h，表示（　　）。

A. 理论上，以 6 A 电流放电，可放电 1 h

B. 理论上，以 60 A 电流放电，可放电 1 h

C. 理论上，以 6 000 A 电流放电，可放电 1 h

11. 以下动力电池放电电流最大的是（　　）。

A. 2 000 mA·h，30C　　　　　　　　B. 20 000 mA·h，5C

C. 8 000 mA·h，20C

12. 一般锂聚合物电池上都有两组线。一组是输出线（粗，红黑各 1 根）；一组是单节锂电引出线（细，与 S 数有关），用以监视平衡充电时的单体电压。下列说法正确的是（　　）。

A. 6S 电池有 5 根红色引出线，1 根黑色引出线

B. 6S 电池有 7 根引出线

C. 6S 电池有 6 根引出线

13. 关于多轴无人机螺旋桨与电机匹配描述错误的是（　　）。

A. 3S 电池下，KV900－1 000 的电机配 1060 或 1047 桨

B. 3S 电池下，KV1 200－1 400 配 3 in 桨

C. 2S 电池下，KV1 300－1 500 左右用 9050 桨

14. 满电 6S/10 000 mA·h 的电池搭配 KV 值是 500 的电机转速是（　　）。

A. 12 600 r/min　　　B. 11 100 r/min　　　C. 126 000 r/min

15. 两组 5S/1000 mA·h/10C 电池能产生的最大功率是（　　）。

A. 370 W　　　　　　B. 42 W　　　　　　C. 420 W

二、思考题

1. 正向电机实际工作时一定是正向旋转吗？

2. 无人机动力系统的功用与基本要求有哪些？

3. 请用思维导图制作动力系统的分类。
4. 简述无刷电机的工作原理。
5. 简述无刷电机铭牌上"2315"的含义。
6. 请书写电机的性能指标：KV850 的含义，并计算外加 5 V、12 V 电压时的电机空转转速。
7. 简述书写无刷电机调速方式。
8. 请制作表格展示无刷电机的优缺点。
9. 请提炼关键信息写出电调的作用，并对每条作用进行解释。
10. 请提炼关键信息书写选择电调遵循的基本原则。
11. 请解释图 1-59 中电池性能参数的含义。

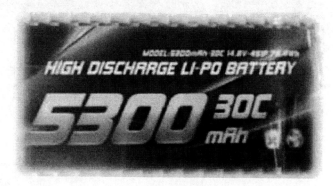

图 1-59　电池性能参考

12. 请画出 3S3P 电池连接图示。
13. 简述电池选用原则。
14. 简述 1250 螺旋桨、5039 螺旋桨的含义。
15. 如何区分正反螺旋桨？简述其安装方法。

项目二 基于 Pixhawk 飞控的六轴无人机 F550 的组装与调试

项目简介

无人机专业不能定位于培养飞手,还应该让学生了解无人机系统的结构和原理,使学生具备无人机组装调试、维护维修及初步研发等专业技能。虽然很多学校购买了昂贵的工业无人机,但这些工业无人机无论硬件还是固件或者软件,都不是开源的,导致学生既不敢拆卸,也不会维护检修,只能把其当成一个昂贵的摆设,无法起到实际的教学作用。开源无人机无论是硬件还是软件,都是开源的,这就给学生提供了很多学习资源。培养学生无人机研发方面的专业技能,从开源无人机的组装和调试开始学习,无疑是一个好的路径,同时也能激发学生进一步学习的兴趣。

项目准备

(1) Mission Planner 地面站软件。
(2) Pixhawk 飞控硬件。
(3) F550 机架和其他配件。

任务 1 Pixhawk 接口连线

任务描述

Pixhawk 的正面接口有 15 个,两侧和底部接口有 4 个。顶部接口的管脚包括 PPM 信号输入、S.BUS 信号输入、主要输出和辅助输出。通过本任务的学习,学生需要熟悉每个接口的含义,并能在不上电的情况下,通过接线把飞控和外设进行物理连接。

通过本任务的学习,学生可以避免由于对接线不熟悉而导致的错误接线。错误的接线在通电后可能引起某些设备烧毁。

项目二　基于 Pixhawk 飞控的六轴无人机 F550 的组装和调试

（1）学习 Pixhawk 的接口布局。Pixhawk 的接口布局如图 2-1 所示。

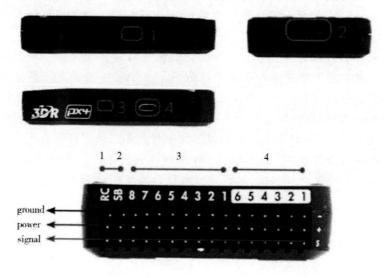

图 2-1　Pixhawk 的接口布局

（2）在不通电源的情况下，根据 Pixhawk 接口的定义，通过观察外部设备的缆线插头，尝试把外部设备的缆线插头插入接口。

注：如果外部设备和飞控是一起购买的，只需要把外部设备缆线的插头插入接口即可；如果不是一起购买的，Pixhawk 接口中针脚的顺序和外部设备缆线排线的顺序可能不一致，就要按针脚的顺序重新焊接缆线插头，然后再把插头插入接口。

知识点 1：APM、Pixhawk、PX4 的关系

初学者，对 APM、Pixhawk、PX4 这几个词的含义总是混淆的。

1. ArduPilot 的历史

ArduPilot 的历史可以追溯到 2007 年，当时安德森和他的儿子试图在 Arduino 平台上共建一架无人机。获得成功后，安德森创建了 DIYDRONES.com 网站，在那里无数无人机爱好者汇聚起来，构建开源无人机控制软件。

2009 年，ArduPilot 代码库建立。2010 年，3D Robotics 发布 APM 1，虽然它仍然是一个有限的 8 位飞行控制版，但使用起来方便多了。

大约在 2013 年，PX4 的故事与 ArduPilot 的故事就紧密相连了。PX4 社区发布了 Pixhawk 飞行控制器，这款飞行器是为了运行开源的 PX4 飞行代码，并且 Pixhawk 硬件本身也是开源的。最终 ArduPilot 也可以在 Pixhawk 上运行,由于 Pixhawk 的 32 位平台更优越,所以 ArduPilot 就停止制造飞控板了。

2. PX4 和 Pixhawk 的历史

洛伦茨在读研究生时,有一个雄心勃勃的计划,想利用计算机视觉使无人机自主飞行,但是当时(2008 年)的无人机计算能力和技术并不存在。他意识到任务的规模,招募了一个由 14 人组成的团队来完成这项任务,该团队的名字就叫 Pixhawk。

飞行控制软件和自动驾驶仪电子设备需要很长的时间才能完善。洛伦茨和他的团队在与不正确且无法扩展的架构进行斗争中,想出了一个激进的解决方案。2011 年,他们废弃了前几年建造的软件和硬件,并从头开始进行全面重建,从而解决了问题。

PX 飞行控制软件的第四次改写最终达到了洛伦茨想要的质量,PX4 诞生(PX 实际上就是 Pixhawk 的缩写)。同时,该团队开发了第一代和第二代硬件,称为 Pixhawk。

Pixhawk 团队与制造商 3D Robotics 合作构建和分发硬件,并与 ArduPilot 合作,帮助它们在 Pixhawk 的 PX4 中间件上运行飞行堆栈,因此用户有了更多的选择,硬件设计仍然是开源的。

利用这些组件,该团队创建了一个完整的无人机技术堆栈:计算机视觉、飞行控制软件、自动驾驶仪硬件、通信协议和地面控制站软件。

3. APM、Pixhawk、PX4 的关系

本项目使用的硬件是 Pixhawk,这里在说 Pixhawk 时指的就是无人机的飞控板(硬件)。在我国容易购买到的硬件是 Pixhawk 2.4.8,是国内厂家参考 3DR 的 Pixhawk 1 改的。Pixhawk 1 现在已经停止制造了,其替代品是 MRO Pixhawk。Pixhawk 不生产硬件产品,只负责制定 Pixhawk 的硬件标准。由于它是开源的,根据这个标准,全球厂家都可以生产自己的产品。这些产品中,有的可以运行 APM 固件,有的可以运行 PX4 固件,绝大多数产品是两个固件都支持的。

对于 Pixhawk 硬件平台,有两套固件可以选择:一个是 APM 固件,属于 ArduPilot 系列;一个是 PX4 固件,属于 Pixhawk 的原生固件。从地面站的兼容性来说,Mission Planner 对 APM 固件的兼容性好一些,QGC 对 PX4 固件的兼容性好一些。

知识点 2:Pixhawk 简介

1. Pixhawk 的产品规格

(1)处理器。
- 带 FPV 的 32 位 ARM Cortex M4 内核。
- 168 MHz/256 KB RAM/2 MB 内存。
- 32 位故障保护协处理器。

(2)传感器。
- MPU6000 作为主加速度和陀螺仪。
- ST 微型 16 位陀螺仪。
- ST Micro 14 位加速计/罗盘(磁强计)。

- MEAS 气压计。

(3)电源。
- 具有自动故障切换功能的理想二极管控制器。
- 伺服导轨大功率和大电池。
- 所有外围输出过流保护，所有输入 ESD 保护。

(4)接口。
- 5 个 UART 串行端口，其中 1 个支持大功率，2 个具有硬件流量控制。
- DSM/DSM2/DSM-X 卫星输入频谱。
- Futaba S. BUS 输入(输出尚未实现)。
- PPM 总和信号。
- RSSI (PWM 或电压)输入。
- I^2C SPI 2x CAN SUB。
- 3.3 V 和 6.6 V ADC 输入。

2. Pixhawk 的接口说明

Pixhawk 的接口说明如图 2-2 所示。

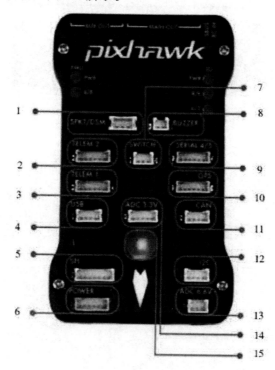

图 2-2　Pixhawk 的接口说明

1—DSMX 卫星接收机接口；2—TTL 串口数据；3—TTL 串口数据；4—USB 接口；5—SPI 总线；
6—电源模块接口；7—安全开关接口；8—蜂鸣器接口；9—TTL 串口 4 和 5；10—GPS 模块接口；
11—CAN 总线接口；12—I^2C 总线接口；13—ADC 输入最高 6.6 V；14—ADC 输入最高 3.3 V；
15—LED 信号灯

3. Pixhawk 按钮说明

Pixhawk 按钮说明如图 2-3 所示。

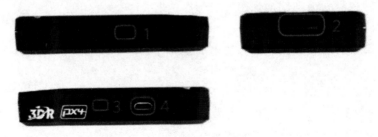

图 2-3 Pixhawk 按钮说明

1—输入输出模块复位按钮；2—SD 卡；3—飞行控制模块复位按钮；4—Micro—USB 接口

在图 2-4 中，1 为 PPM 输入，最多支持 8 个通道，大多数用户需要将 PWM 转为 PPM 模块；2 为 S.BUS 输入；3 为主要输出部分，8 个 PWM 通道，用于连接电调或舵机；4 为辅助输出部分，6 个 PWM 通道，用于其他扩展，如舵机、云台等。

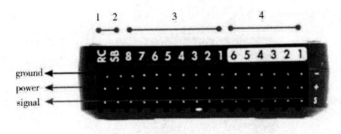

图 2-4 Pixhawk 接口

4. Pixhawk 针脚的定义

Pixhawk 针脚的定义见表 2-1～2-9。

表 2-1 TELEM1 及 TELEM2 接口

针脚	信号	电压
1(红)	VCC	+5 V
2(黑)	TX (OUT)	+3.3 V
3(黑)	RX (IN)	+3.3 V
4(黑)	CTS (IN)	+3.3 V
5(黑)	RTS (OUT)	+3.3 V
6(黑)	GND	GND

表 2-2 GPS 接口定义

针脚	信号	电压
1(红)	VCC	+5 V
2(黑)	TX (OUT)	+3.3 V
3(黑)	RX (IN)	+3.3 V
4(黑)	CAN2 TX	+3.3 V
5(黑)	CAN2 RX	+3.3 V
6(黑)	GND	GND

表 2-3 ADC 6.6 V 定义

针脚	信号	电压
1(红)	VCC	+5
2(黑)	ADC IN	up to +6.6 V
3(黑)	GND	GND

表 2-4 ADC 3.3 V 定义

针脚	信号	电压
1(红)	VCC	+5 V
2(黑)	ADC IN	up to +3.3 V
3(黑)	GND	GND
4(黑)	ADC IN	up to +3.3 V
5(黑)	GND	GND

表 2-5 I²C 定义

针脚	信号	电压
1(红)	VCC	+5 V
2(黑)	SCL	+3.3 (pullups)
3(黑)	SDA	+3.3 (pullups)
4(黑)	GND	GND

表 2-6　CAN 定义

针脚	信号	电压
1(红)	VCC	+5 V
2(黑)	CAN_H	+12 V
3(黑)	CAN_L	+12 V
4(黑)	GND	GND

表 2-7　SPI 定义

针脚	信号	电压
1(红)	VCC	+5 V
2(黑)	SPI_EXT_SCK	+3.3
3(黑)	SPI_EXT_MISO	+3.3
4(黑)	SPI_EXT_MOSI	+3.3
5(黑)	!SPI_EXT_NSS	+3.3
6(黑)	!GPIO_EXT	+3.3
7(黑)	GND	GND

表 2-8　POWER 定义

针脚	信号	电压
1(红)	VCC	+5 V
2(黑)	VCC	+5 V
3(黑)	电流	+3.3 V
4(黑)	电压	+3.3 V
5(黑)	GND	GND
6(黑)	GND	GND

表 2-9　SWITCH 定义

针脚	信号	电压
1(红)	VCC	+3.3 V
2(黑)	!IO_LED_SAFETY	GND
3(黑)	SAFETY	GND

任务 2　　Pixhawk+F550 硬件组装

任务描述

Pixhawk 是世界上最出名的开源飞控硬件厂商 3DR 推出的开源飞控。Pixhawk 作为开源硬件且具有强大的功能、可靠的性能等到了广大用户的青睐。适应于固定翼无人机、多旋翼无人机、无人直升机、垂直起降无人机 VTOL、无人车、无人船。本项目要求与多旋翼 F550 进行搭配组装且调试。

任务实施

组装步骤如下：

① 将 6 个电调和电源线焊接在底板上。焊接电调时，底板上有正负标记，电调的红色电流线焊接正，黑色电流线焊接负；焊接电源线时，同样按照底板上的正负标记焊接，如图 2-5 所示。

注：所有的焊点不能虚焊，因为无人机启动后电流比较大。若焊点虚焊，通电后焊点发热、脱落，造成严重安全隐患。

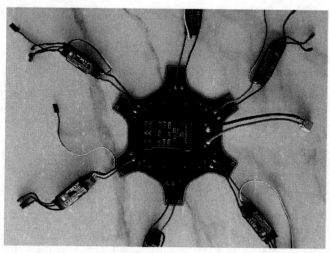

图 2-5　焊接电调

② F550 的机臂共有 6 个：一对是红色，一对是黑色，一对是白色。安装机臂时根据电源线的位置，首先确定无人机的机头和机尾，按通常的习惯：红色机臂是机头，白色机臂是机尾（机头方向就是将来安装 Pixhawk 飞控板时，飞控板上箭头所指位置）。确定好方向以后，就可以安装机架了，螺丝不要一次固定紧，等机架结构完好后，再把螺丝

固定紧,如图 2-6 所示。

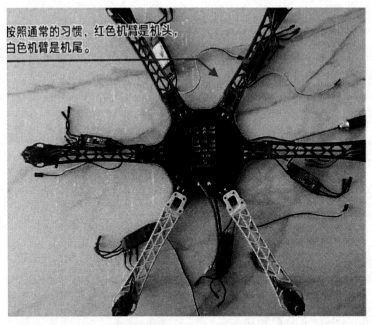

图 2-6　安装机臂

③电调和电机的连线。先任意连接(确保电机的 3 根线都要连接,否则电机缺相会烧毁电机),如图 2-7 所示。飞控板下载好固件后,在接通电源调试阶段,若发现电机转向不对,对电调和电机连线中的 3 根,任意对调 2 根就行。

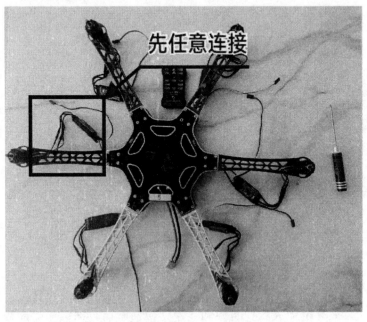

图 2-7　安装电机并与电调连接

④安装飞控板到机架上,要先安装好减振板,然后把飞控板(图 2-8)用 3M 胶固定在

减振板上,如图 2-9 所示。不能直接把飞控板安装在机架上,一定要安装减振板,否则会对无人机飞行的稳定性造成影响。

图 2-8 飞控板

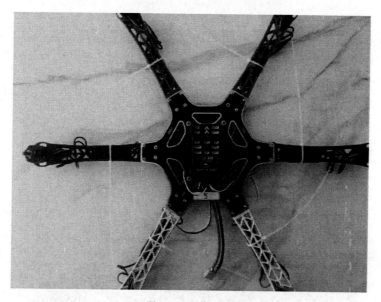

图 2-9 安装飞控

⑤把电调的信号线连接到 Pixhawk 飞控板主要输出口(main out)的 1~6 管脚上,如图 2-10 所示。面对飞控指示前方的箭头:箭头右边的电机为 1 号,对应飞控主输出口的 1 号管脚;箭头左边的电机为 2 号,对应飞控主输出口的 2 号管脚;箭头左前方的电机为 3 号,对应飞控主输出口的 3 号管角;箭头右前方的电机为 5 号,对应飞控主输出口的 5 号管角;箭头左下方的电机为 6 号,对应飞控主输出口的 6 号管脚;箭头右下方的电机为 4 号,对应飞控主输出口的 4 号管脚。把信号线插入管脚时,要注意电调信号线端出来的 3 根线中,红色线是 power 线,黑色线是 ground 线,白色线是 signal 线。

无人机组装与调试

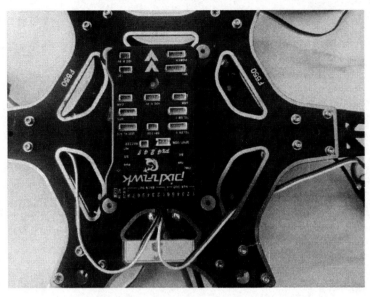

图 2-10 飞控与其他各部件连接

⑥GPS 不能直接安装在机架上，要利用长杆支架使其远离其他电子设备以及金属物体。安装时，GPS 上面的箭头要和飞控板上面的箭头方向一致，安装时要尽量保证 GPS 和无人机的机身是平行的，如图 2-11 所示。

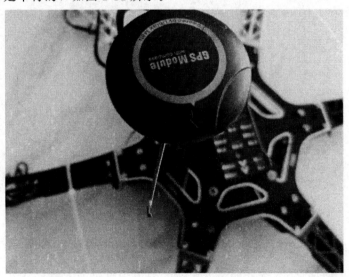

图 2-11 安装 GPS

如果 GPS 和飞控是一起购买的、配套的，直接把 GPS 的插头插入卡槽就行了；如果不是配套的，那么就要根据 Pixhawk 接口的针脚顺序，给杜邦线接上端子逐个插入；或者重新找一个 6P 插头根据 Pixhawk 接口的针脚顺序把缆线重新焊接，GPS 接口中针脚的顺序为 VCC、TX、RX、CAN2TX、CAN2RX、GND，如图 2-12 所示。

项目二 基于Pixhawk飞控的六轴无人机F550的组装和调试

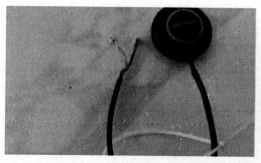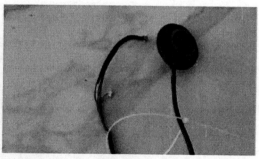

图 2-12 GPS

为了保证GPS的方向和Pixhawk飞控板的方向一致,可以先用3M胶把GPS固定在支架的顶盖上,调整好方向后,再用六方螺丝刀通过小螺丝把支架的顶盖紧固好,如图2-13所示。

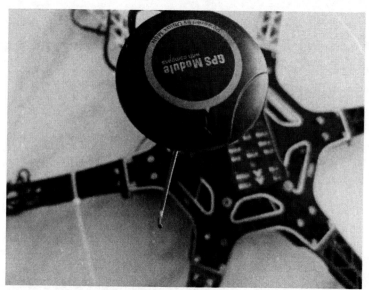

图 2-13 固定支架

注:指南针是磁敏感设备,应远离电源线路和电池,附近也不能有含铁的金属物;如果安装两个GPS,另一GPS的插头插入SERIAL4/5接口,第二个GPS的罗盘不用接入;GPS上电后红灯长亮,GPS获得锁定后蓝灯闪烁。

⑦安全开关和蜂鸣器一般都是飞控附带的,直接把缆线插头插入相应的接口就可以了。安全开关缆线插头插入SWITCH接口,蜂鸣器缆线插头插入BUZZER接口。安全开关和蜂鸣器连接如图2-14所示。

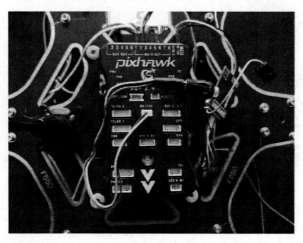

图 2-14 安全开关和蜂鸣器连接

⑧Pixhawk 有 PPM 信号和 S.BUS 信号输入接口,市场上有些接收机可以直接输出 PPM 信号或者 S.BUS 信号,而有些接收机不能直接输出 PPW 信号或者 S.BUS 信号,这时就需要 PPM 编码器(图 2-15)。编码器连线如图 2-16 所示。

图 2-15 PPM 编码器

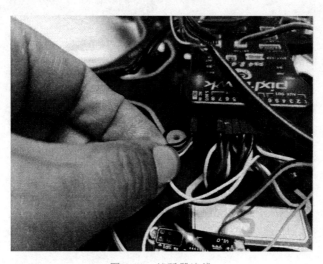

图 2-16 编码器连线

项目二　基于Pixhawk飞控的六轴无人机F550的组装和调试

⑨电源模块的连接。一般来说，这个模块的XT60头是防止插反的（红接红，黑接黑），数据缆线插头插入Pixhawk飞控板上的POWER接口。电源线连接如图2-17所示。

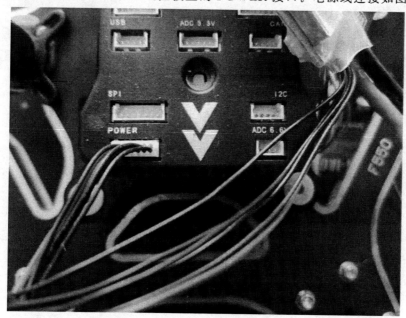

图2-17　电源线连接

知识点1：旋翼布局和机架类型

常见的多旋翼布局有三旋翼、四旋翼、六旋翼和八旋翼，当然也有一些比较的奇怪的布局。选择什么样的旋翼布局，要考虑到任务的需求：三旋翼具有较高的载重比、较高的负载能力和较快的前行速度；四旋翼具有适中的稳定性、较快的飞行速度，适合航拍等活动；六旋翼无人机稳定性高、载重能力强，比较适合行业应用；八旋翼无人机也很出色。它动力冗余更强，在复杂环境如强风中更稳定。载重能力通常也更强，能承载更重负载，适合长距离货物运输或搭载大型检测仪器。操控还很灵活，能完成精准复杂动作，满足特殊需求。

机翼布局在开源飞行控制程序中通常分为两大类：X型和I型，也就是常说的十字型布局[图2-18(a)]和交叉型布局[图2-18(a)]。六旋翼布局有两个类型：HEXA+（十字六旋翼）和HEXA X（交叉型六旋翼）。本项目选取的类型是交叉型六旋翼。一般来说，交叉型布局的机动性比十字型布局更强，另外，前视相机的视角也不容易被遮挡。

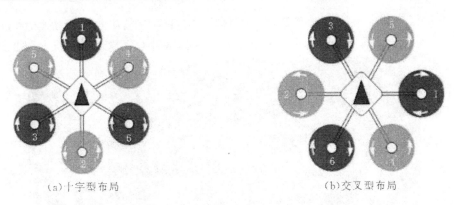

(a) 十字型布局　　　　(b) 交叉型布局

图 2-18　机翼布局

知识点 2：电压和电流传感器

电压与电流传感器用来测量飞控板及驱动的电压是否符合要求。只有稳定的电源电压才能让设备稳定地工作。另外，电压与电流传感器也可以用来测量电源的剩余电量，具体连接方式如图 2-19 所示。

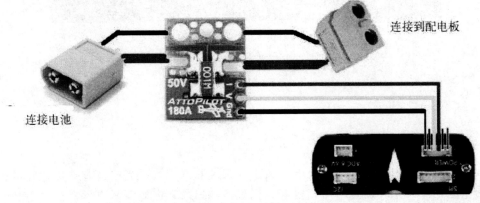

图 2-19　电压和电流传感器

一般情况下，我们通常使用 3DR 电源模块给 Pixhawk 供电，它可以提供稳定的 5 V 电压，而且可以读取电流和电压。但如果你要测量 18 V 以上的电压或电流超过 90 A 时，应该使用 AttoPilot 180 A 电流和电压模块。

此项目（六轴无人机）既可以使用 4S 电源，也可以使用 3S 电源，因为电机越多，电池需要提供的电流就越大。要使无人机正常工作，需要在 Mission Planner 初始设置中的电源管理页面对监视器、传感器和 APM 版本进行设置。具体设置如图 2-20 所示。

项目二　基于 Pixhawk 飞控的六轴无人机 F550 的组装和调试

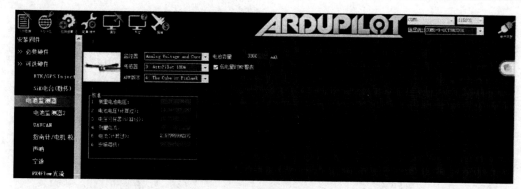

图 2-20　Mission Planner 初始设置

知识点 3：固定翼无人机的组装流程及工具

尺寸近似有人机的固定翼无人机，构造复杂、零件数量多，装配步骤有严格规定，装配精度要求高。

固定翼无人机的组装主要由机身系统组装、动力系统组装、飞控系统组装、电气系统组装及机载设备组装组成。现主要对固定翼无人机的机身系统组装和动力系统组装进行介绍。

一般固定翼无人机产品组装步骤由其生产单位确定。在不影响飞行性能的前提下，部分组装顺序可适当调整，并且不同的固定翼无人机产品，其组装步骤可能会要求两个或两个以上的系统并行组装。其一般的组装步骤为：机身系统组装→动力系统组装→飞控系统组装→电气系统组装→机载设备组装。

1. 固定翼无人机组装步骤

根据图 2-21 所示的固定翼无人机组装流程图，查阅资料，完成固定翼无人机组装步骤的描述。

(1) 电机、电调安装。
(2) 舵角、拉杆安装。
(3) 起落架安装。
(4) 尾翼、主翼安装。
(5) 电机、电调接线。
(6) 重心调试(静态平衡、动态平衡)。
(7) 电机通电调试(接线检测、电机正反转)。

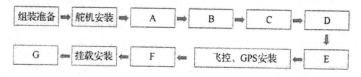

图 2-21　固定翼无人机组装流程图

2. 固定翼无人机组装工具

要想组装无人机,必须要有工具,并且能够熟练地使用工具,制作固定翼无人机必备的工具有切割工具、螺丝旋具、钻孔工具、电热工具、量具等。

(1)螺丝刀。

螺丝刀,别名为改锥、改刀、起子、旋凿,是用来拧转螺丝以使其就位的常用工具。螺丝刀通常有一个薄楔形头,可插入螺丝钉头的槽缝或凹口内,顺时针方向旋转为嵌紧,逆时针方向旋转则为松出。按不同的头型,螺丝刀可分为:十字螺丝刀、一字螺丝刀、米字螺丝刀、内六角螺丝刀、Y形、方形、三角形、U形、五角星形、内十字形、三叉形等,其中十字螺丝刀、一字螺丝刀是生活中最常用到的,如图2-21所示。

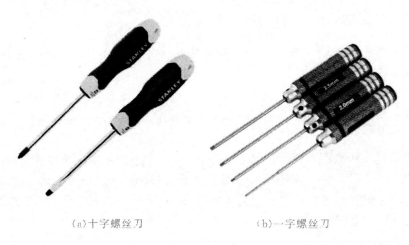

(a)十字螺丝刀　　　　　(b)一字螺丝刀

图2-22　十字螺丝刀和一字螺丝刀

(2)钳子。

钳子是一种用于夹持、固定加工工件,或者扭转、弯曲、剪断金属丝线的手工工具。钳子的外形呈"V"形,通常包括手柄、钳腮和钳嘴3个部分。

钳子一般用碳素结构钢制造,先锻压轧制成钳胚形状,然后经过磨铣、抛光等金属切削加工,最后进行热处理。钳的手柄依握持形式而设计成直柄、弯柄和弓柄3种式样。钳子使用时常与电线之类的带电导体接触,故其手柄上一般都套有用聚氯乙烯等绝缘材料制成的护管,以确保操作者的安全。钳子包括剥线钳、老虎钳、水口钳、尖嘴钳、弯嘴钳、扁嘴钳、斜口钳、水泵钳、打孔钳、顶切钳、打孔钳等,其中剥线钳(图2-23)、老虎钳(图2-24)、水口钳(图2-25)、斜口钳(图2-26)是在组装无人机中常用的。

图 2-23 剥线钳

图 2-24 老虎钳

图 2-25 水口钳

图 2-26 斜口钳

(3)扳手。

扳手(图 2-27)是一种常用的安装与拆卸工具。它利用杠杆原理拧转螺栓、螺丝、螺母和其他螺纹，紧持螺栓或螺母的开口或套孔固件的手工工具。扳手通常用碳素或合金材料的结构钢制造。

扳手通常在柄部的一端或两端制有夹持螺栓或螺母的开口或套孔，使用时沿螺纹旋转方向在柄部施加外力，就能拧转螺栓或螺母。

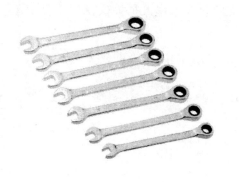 

图 2-27 常见的扳手

(4)切割工具。

切割工具既可以用来切割各种薄板、木片、木条、KT 板、薄金属片、碳纤维管、碳纤维板，又可以用来刻翼肋、刻槽、打孔、修整蒙皮等。切割工具包括壁纸刀（图 2-28）、斜口刀（图 2-29）、刻刀（图 2-30）、剪刀（图 2-31）、手锯（图 2-32）等。

图 2-28　壁纸刀　　　　　　　图 2-29　斜口刀

图 2-30　刻刀　　　　　　　图 2-31　剪刀

图 2-32　手锯

3. 组装前的准备工具

为完成工作任务，每个工作小组需要向仓库工作人员提供借用工具清单，并在课后归还。固定翼无人机借用工具清单见表 2-10。

表 2-10　固定翼无人机借用工具清单

序号	名称	数量	借出时间	学生签名	归还时间	学生签名	管理员签名
1							
2							
3							
4							
5							
6							
7							

项目二　基于 Pixhawk 飞控的六轴无人机 F550 的组装和调试

任务 3　Mission Planner 的安装与无人机固件的下载

Mission Planner 可以通过官网直接下载。进入官网后，点击下载链接可以直接下载最新的版本，若需要下载历史版本，可以通过历史档案文件夹查找，下载完成后就可以安装软件了。Mission Planner 可以为 APM 或者 Pixhawk 飞控安装固件。给飞控安装固件就是通常所说的刷机。

1. Mission Planner 地面站的下载

在浏览器搜索栏输入关键字"Mission Planner"，找到其官网（图 2-33）；或者直接从网址 https://ardupilot.org/planner 进入官网。

图 2-33　在搜索栏查找官网

成功进入其官网后，在界面左方找到"Installing Mission Planner"链接，点击进入主页，如图 2-34 所示。

无人机组装与调试

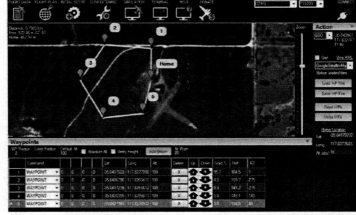

图 2-34 Mission Planner 主页

在主页中,找到 Windows Installation 下的"Download the latest Mission Planner from here"选项,将软件下载到自己的计算机中,如图 2-35 所示。

图 2-35 下载软件

2. Mission Planner 地面站的安装

Mission Planner 可以安装在 Windows 系统下,也可以安装在 Android 系统下,还可以安装在 Linux 系统下。下面是安装在 Windows 系统下的操作步骤。(注:下载时要选择与系统对应的安装包。)

在硬盘中找到已经下载的软件包,打开软件包,就可以看到如图 2-36 所示安装界面。

项目二　基于Pixhawk飞控的六轴无人机F550的组装和调试

图2-36　安装界面

点击"Next"按钮直到安装完成。如果出现如图2-37所示界面，说明该计算机需要安装额外的驱动程序。

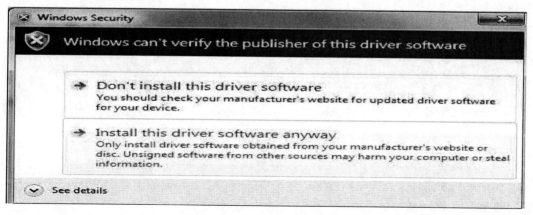

图2-37　"Windows Security"界面

注：可能下载了软件，也安装了软件，结果发现无法打开Mission Planner，这是因为计算机缺乏Mission Planner的运行环境，这种情况处理起来很麻烦，特别是对初学者来说。这里介绍一个小技巧，直接安装Visual Studio即可，因为Mission Planner地面站是用C、C++、C♯等语言开发的，这样做可以避免在有些网站下载驱动程序时导致计算机中毒。

3. 固件的下载与安装

找一根数据线，将数据线一头接计算机的USB接口，另一头接入飞控的调试接口，如图2-38所示。

注：必须找一根具有数据传输功能的数据线。有些数据线只能充电，这种数据线称为充电线。

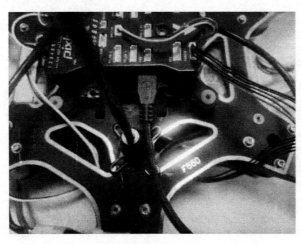

图 2-38 数据线连接

打开 Mission Planner 软件,在"Mission Planner"界面的右上角选择端口号和波特率(波特率一般选 115 200),如图 2-39 所示。

注:不同的计算机显示的端口号不同,若 Mission Planner 版本更新,端口号也会发生改变。

图 2-39 选择端口号和波特率

接下来就是烧录固件,其实就是下载固件或者安装固件。学过单片机的人一般喜欢将其说成是烧录固件。打开初始设置,点击安装固件。若界面中出现如图 2-40 所示提示,说明需要刷写 PX4 Bootloader。

图 2-40 提示刷写 PX4 Bootloader

项目二 基于 Pixhawk 飞控的六轴无人机 F550 的组装和调试

当然也可以直接点击安装固件 Manifest，会出现如图 2-41 所示界面，然后根据所使用的飞行器选择要下载的固件。

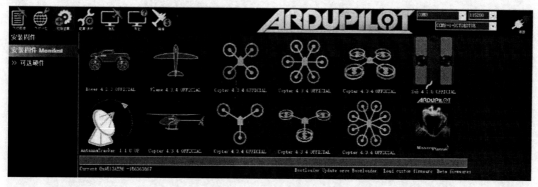

图 2-41 下载固件

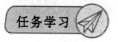

知识点 1：Mission Planner 地面站简介

Mission Planner 是一款优秀的地面站系统，其功能强大，受众涵盖了研发的、组装的、终端的用户等。Mission Planner 地面站的主要特点包括：给控制板提供固件加载；设定、配置及调整无人机至最佳性能；通过在地图上的鼠标点击入口来规划、保存及加载自动任务给飞控板；下载及分析由飞控板创建的任务记录；与模拟器连接，提供硬件在线的 UAV 模拟器；通过适当的数传电台，可以控制无人机状态，记录电台传递数据，分析电台记录或在 FPV 模式下工作。

Mission Planner 主界面共有以下 6 个主菜单按钮：

①飞行数据：实施显示飞行状态与数据。

②飞行计划：任务规划菜单。

③初始设置：安装固件和升级固件及一些基本的设置。

④配置调试：PID 调节及参数调整等菜单。

⑤模拟：给 Pixhawk 刷入特定模拟器固件后，将 Pixhawk 作为一个模拟器在计算机上模拟飞行。

⑥终端：一个类似 DOS 环境的命令行调试窗口，功能强大。

图 2-42 所示为 Mission Planner 主界面。

图 2-42 Mission Planner 主界面

知识点 2：硬件、软件和固件

①硬件。硬件是指系统中由电子、机械和光电元件等组成的各种物理装置的总称。这些物理装置按系统结构的要求构成一个有机整体，为软件提供物质基础。

②软件。软件是指与计算机系统操作有关的计算机程序、规程、规则，以及可能有的文件、文档及数据。它本质上是无形的，没有物理形态，只能通过运行状态来了解其功能、特性和质量。

③固件。固件从本质上类似于软件，从功用上又类似于硬件。固件直接控制硬件，类似于硬件的灵魂，决定着硬件设备的功能及性能。

项目二　基于Pixhawk飞控的六轴无人机F550的组装和调试

任务4　硬件的初始设置

硬件初始设置包含必要硬件和可选硬件，这些硬件有些是内置的（安装在飞控板上，成为飞控板的一部分），比如陀螺芯片、加速度芯片/磁场芯片、三轴加速度/陀螺仪、气压芯片、气压计等；有些是外置的，外置的设备从空间上看相对独立的，需要与飞控板进行物理连接。只有通过设置，硬件才可以相互协调和同步，成为一个有机的整体。初始设置包括机架类型、加速度计校准、指南针、遥控器校准、飞行模式等。初始设置的可选硬件设备包括数传电台、电池检测器、指南针/电机校准、声呐、相机云台等。硬件初始设置如图2-43所示。

图2-43　硬件初始设置

1. 机架的选择

本项目调试的六轴无人机机架是叉型布局，点击图2-44中前面标有"X"号的那一行图标，这行图标从浅色变成亮色，表示系统将会选择与这一机架类型匹配的内部程序。

无人机组装与调试

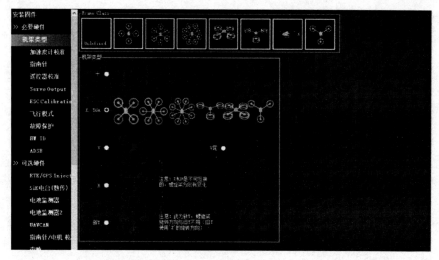

图 2-44 机架的选择

2. 加速计校准

进入加速度计校准页面，按给出的提示语操作，直至最终出现校准成功的提示语，代表完成了加速计的校准。具体步骤如下：

①水平放置，正面向上背面向下，然后单击"确定"按钮。

②以箭头所指方向的左侧为底，立起来放置，然后单击"确定"按钮。

③以箭头所指方向的右侧为底，立起来放置，然后单击"确定"按钮。

④以箭头所指方向指向地面，立起来放置，然后单击"确定"按钮。

⑤以箭头所指方向指向天空，立起来放置，然后单击"确定"按钮。

⑥水平放置，背面向上正面向下，然后单击"确定"按钮。

页面提示语（Calibration successful）出现，表明指南针校准成功，如图 2-45 所示。

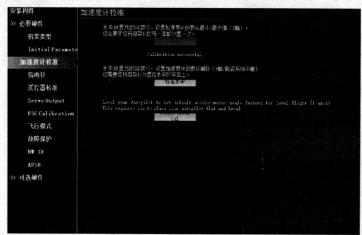

图 2-45 加速计校准

注：若点击"确定"按钮，程序没有任何反映，或总是提示校准不成功，可能是

Mission Planner 版本的问题(有很多版本简化了此功能),升级到最新版本后问题就解决了。

3. 指南针校准

进入指南针校准页面(图 2-46),具体校准步骤如下:

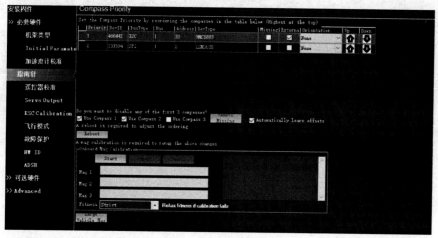

图 2-46 指南针校准页面

第一项任务是选择指南针的优先级:指南针性能越高,优先级也越高。通过"Up"或"Down"按钮选择。

第二项任务是关闭某个指南针。若某个指南针性能较差,总是引起"pre-arm"解锁检测信息,可以通过取消勾选来关闭这个指南针。本任务主要针对内部指南针。

第三项任务是执行 Onboard Calibration 校准。它是指校准程序在无人机上运行,这种方法更准确。点击"Start"按钮,开始校准。校准时,将无人机在空中旋转,使每个侧面(前后上下左右)依次指向地面,此时绿色进度条向右延伸,到终点后表示校准完毕,页面交互语提示重启无人机。校准成功交互界面如图 2-47 所示。

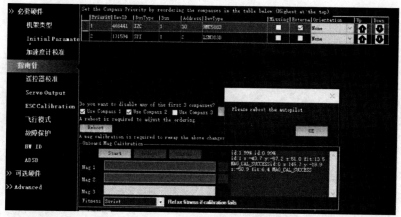

图 2-47 校准成功交互界面

4. 遥控器校准

打开遥控器开关，检查接收机是否上电，检查电机是否带桨叶，检查完毕后，进入遥控器校准页面，如图 2-48 所示。

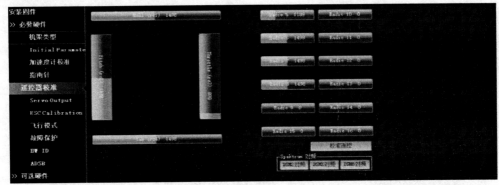

图 2-48　遥控器校准界面

点击"遥控校准"按钮，进入下一个页面后会出现一个提示对话框（图 2-49）：确保遥控器开，接收机上电并连接；确保电机没有接通电源；确保电机没有安装桨叶。

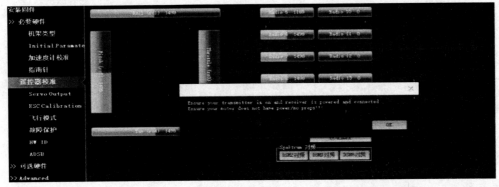

图 2-49　提示对话框(1)

点击"OK"按钮，进入下一个页面，出现如图 2-50 所示对话框。该对话框的内容为：把遥控器上所有摇杆和开关拨到其极限，输入范围会被以红线标识。

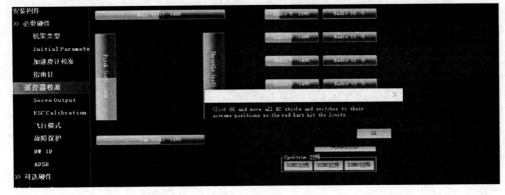

图 2-50　提示对话框(2)

完成对话框要求的操作后，点击"完成时点击"按钮，如图 2-51 所示。

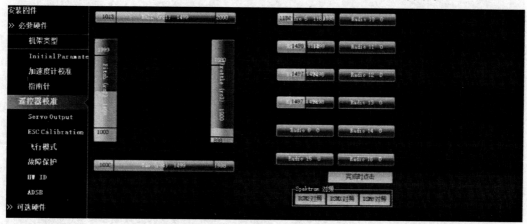

图 2-51　点击"完成时点击"按钮

进入遥控器校准的最后一个页面，点击"OK"按钮，这样就完成遥控器的校准了，如图 2-52 所示。在这个页面会有一个对话框：若最小值低于 1 100 或者最大值大于 1 900，通道将不会连接。

这一问题怎么解决？RC 遥控器通常有一个默认的范围，每个通道从 -100% 到 100%；大多数遥控器允许其值从 -150% 扩展到 150%。通过适当调整默认值，可使各通道的值控制在 1 100~1 900 之间。通过这种方法就可以完成对遥控器的校准了。

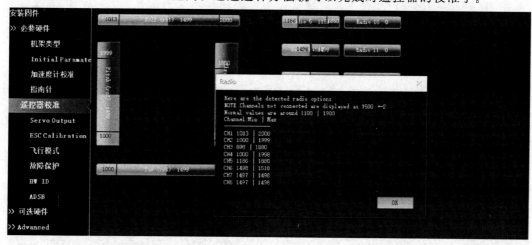

图 2-52　完成遥控器校准

5. 飞行模式的设置

进入"飞行模式"设置页面，可以最多设置 6 种飞行模式。点击每个飞行模式后面的倒三角形，会弹出一个下拉菜单，如图 2-53 所示。

无人机组装与调试

图 2-53 飞行模式设置

下拉菜单中的飞行模式包括自稳模式、定高模式、悬停模式、返航模式、自动模式、运动模式、引导模式及定点模式。

大多数的遥控器都有一个三段开关,三段开关的每个位置对应一个飞行模式;当然也可以通过一个三段开关和两段开关的组合设置6种飞行模式。对于初学者来说,只要掌握自稳定模式(stabilize mode)、定点模式(position mode)和悬停模式(loiter mode)即可。

打开遥控器,将接收机和飞控板连接;用数据线连接飞控板和 Mission Planner 地面站,此时把三段开关拨到不同的位置上,一个高亮矩形随着遥控器上三段开关位置的改变而移动到页面的不同位置。

高亮矩形移到哪里,此时就可以从高亮矩形后面的三角形下拉菜单中选择一种飞行模式。本任务的遥控器三段开关对应的高亮位置是页面上的1、3、6矩形,1选择自稳模式,3选择定点模式,6选择悬停模式。选择好后点击"保存模式"就完成了飞行模式的设置。具体结果如图 2-54 所示。

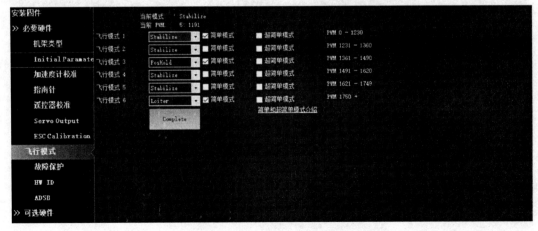

图 2-54 本任务飞行模式的设置

6. 电池监测器的设置

进入"电池监测器"设置页面，对于六轴无人机按如图 2-55 所示设置。

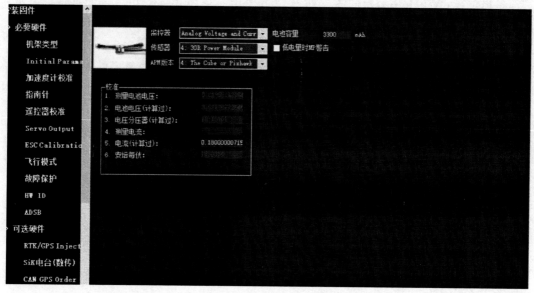

图 2-55 电池监测器的设置

有了这些基本的设置，无人机就可以飞起来了，但是要把无人机的性能调试到最佳，还需要学习 PID 调参。

知识点 1：Pixhawk 指示灯的含义

在排查无人机软硬件故障时，Pixhawk 指示灯能提供线索。具体如下。

①刺眼的红色：SD 卡问题，需更换 SD 卡，故障排除。

②红灯和蓝灯闪烁：初始化中，请稍等；陀螺仪初始化。

③黄灯双闪：出现错误，系统拒绝解锁；解锁前检查失败。

④蓝灯闪：系统已加锁，GPS 搜索；系统加锁，未发现 GPS 锁定。

⑤绿灯闪：系统已加锁，GPS 锁定已获得；准备解锁；从加锁状态解锁时，会有快速的两次响声提示。

⑥绿灯常亮加单次长响：GPS 锁定，无人机解锁。

⑦蓝灯常亮：无人机解锁，没有 GPS 锁定。

⑧黄灯闪：遥控故障保护被激活；电台故障保护被激活。

⑨黄灯闪加快速重复响：电池故障保护被激活。

知识点 2：Pixhawk 飞行模式简介

①稳定模式(Stabilize)：起飞和降落应该使用此种模式，是初学者的首选，但很难控制。

②比率控制模式(Acro)：非稳定模式，新手慎用。

③定高模式(AltHold)：使用自动油门，试图保持目前高度的稳定模式。该模式的高度仍然可以通过提高和降低油门控制，但中间会有一个油门死区，油门动作幅度超过这个死区时，无人机才会响应升降动作。

④悬停模式(Loiter)：需要 GPS 定点和气压计定高。

⑤简单模式(Simple)：相当于一个无头模式。这种模式下无须担心无人机的姿态，很适合初学者使用。

⑥自动模式(Auto)：该模式下的任务规划依赖 GPS 的定位信息。

⑦返航模式(RTL)：需要 GPS 定位。

⑧绕圈模式(Circle)：当切入绕圈模式后，无人机会以当前位置为圆心绕圈飞行。

⑨指导模式(Guided)：需要地面站软件和无人机之间的通信。

⑩跟随模式(Follow)：无人机跟随飞手移动。

任务 5　利用 Mission Planner 进行 PID 调参

任务描述

> 无人机使用串级 PID，内环是角速度环，能快速响应，外环是角度环。外环的期望角度是遥控器操作杆提供的值，内环的期望角速度是外环 PID 的输出。测量角度来自于姿态结算，测量角速度来自于陀螺仪的测量值。为了使无人机达到理想（最佳）的飞行状态，一般需要手动调参，而不是直接使用默认参数值。调参的步骤：先调内环，再调外环。

任务实施

(1)通过 Mission Planner's Config/tuning→Copter Pids 路径进入，如图 2-56 所示。

项目二 基于Pixhawk飞控的六轴无人机F550的组装和调试

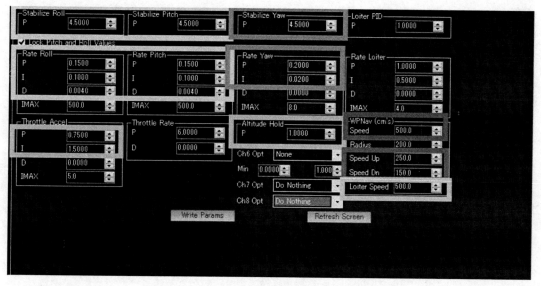

图 2-56 PID 调参

（2）在图 2-56 左上角的第一个方框内，可以看到"Stabilize Roll"（Roll 表示横滚角）和"Stabilize Pitch"（Pitch 表示俯仰角）。下面有一个字母"P"，指的是 PID 控制中的比例单元。这个方框下面还有一个方框，可以看到"Rate Roll"和"Rate Pitch"，其中"Rate"的意思是"速率"。在这个方框上面有一行"Lock Pitch and Roll Values"，其前面还有一个小方框，可以打"√"，表示 Lock。

（3）在 PID 调参数时，先调 Rate Roll 和 Rate Pitch。整定串级 PID 的经验是，先整定内环 PID，再整定外环 P。因为内环靠近输出，效果直接。PID 调参过程如图 2-57 所示。

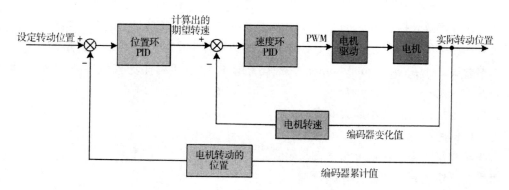

图 2-57 PID 调参过程

（4）串级 PID 内环调参。如果无人机是对称的，横滚和俯仰的设置可以同时进行，以便快速手动调参；如果无人机是不对称的，则应单独进行横滚和俯仰调参。

调参时，当振荡开始时，不要进行大的或突然输入。平稳降低油门以使无人机着陆，同时使用非常缓慢和小的横滚及俯仰输入来控制无人机位置。对于每个轴，如果无人机已经在一个轴上摆动，首先以 50% 的步长降低 P、D 和 I 项，直到稳定，然后再手动调参。

①以 50% 的步长增加 D 项，直到观察到振荡。

②以 10% 的步长减小 D 项，直到振荡消失。

③将 D 项再减少 25%。

④以 50% 的步长增加 P 项，直到观察到振荡。

⑤以 10% 的步长减小 P 项，直到振荡消失。

⑥将 P 项再减少 25%。

每次更改 P 项时，将 I 项设置为等于 P 项。

(5) 串级 PID 外环调参。稳定横滚/俯仰 P，将所需的角度转换为所需的旋转速率，然后将其输入速率控制器。

①值越高，无人机对横滚/俯仰输入的响应越灵敏；值越低，无人机越平稳。

②如果值设置过高，无人机将在横滚和/或俯仰轴上摆动。

③如果值设置得太低，无人机的输入将变得迟缓。

其他方框的参数整定和上面的大同小异，注意区分内外环。

注：调节 Rate Roll/Pitch 时，遥控器上的选择开关应在自稳模式上；调节 Altitude Hold 时，遥控器上的选择开关应在定高模式上；一般不调 Loiter（对应悬停模式）。

任务学习

知识点：PID 调参

PID 控制是一个在工业控制应用中常见的反馈回路控制算法，由比例控制单元 P、积分控制单元 I 和微分控制单元 D 组成。PID 控制的基础是比例控制；积分控制可以消除稳态误差，但可能会增加超调；微分控制可以加快惯性系统响应速度，减弱超调趋势。

手动调参就是在 Mission Planner 中配置 PID 参数来达到让无人机飞行更平稳的目的。有如下口诀：

参数整定找最佳，从小到大顺序查；

先是比例后积分，然后再把微分加；

曲线振荡很频繁，比例度盘要调大；

曲线漂浮绕大弯，比例度盘往小调；

曲线偏离恢复慢，积分时间往下降；

曲线波动周期长，积分时间再加长；

曲线振荡频率块，先把微分降下来；

动差大来拨动慢，微分时间应加长；

理想曲线两个波，前高后低 4∶1；

一看二调多分析，调节质量不会低。

课后习题

1. 简述 APM、Pixhawk 和 PX4 的关系。
2. 简述多旋翼的旋翼布局。
3. 什么是固件？固件、硬件和软件有什么区别？
4. PWM 是什么？PWM 和 PPW 有什么区别？
5. GPS 是什么？我国的导航系统是什么？

项目三　典型应用场景无人机的自主选型

项目简介

本项目将设计组装一款针对无人机测绘、巡检、航拍及应急救援于一体的多旋翼无人机飞行平台。在外形上,要求无人机机可折叠,方便收纳;在性能上,要求具备高精度航测功能,系统开源可进行二次开发,能携带除云台相机之外的其他负载(载重大于 1 kg);单块电池续航时间大于 40 min,图传稳定,具备厘米级导航定位系统和高性能成像系统,操控方便,能开展实际的航拍及测绘作业。本项目成品图及各部件说明如图 3-1 所示。无人机整机参数见表 3-1。

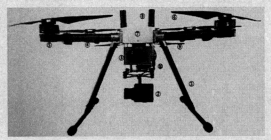

图 3-1　本项目成品图及各部件说明

①脚架(22 mm);②云台相机;③电池仓;④机臂(25 mm);⑤无刷动力套装;
⑥桨叶;⑦机罩;⑧RTK 天线;⑨接收机天线;⑩抛投舵机

表 3-1　无人机整机参数表

项目	指标	项目	指标
机架类型	四轴 X 型	材质	复合碳纤维＋航空铝
轴距	700 mm	螺旋桨	18 in 复合碳纤维桨
空机质量	4 500 g(含电池)	抗风能力	6 级
载重能力	1 500 g	飞行模式	常见模式均可设定
定位模式	RTK	定高模式	气压计/GPS
调参方式	ACFLY 地面站调参	定位精度(室外)	20 cm
扩展功能	抛投器、激光雷达等	信号链接类型	Type-c/USB/TCP/UDP/蓝牙
接口功能	POS 记录、日志等		

项目准备

根据项目需求,可知需要准备表 3-2 中的无人机组件。

表 3-2 无人机组件

无人机组件	要求	选型方向	可参考品牌	最终选定型号
无人机飞控系统	稳定,可二次开发	开源飞控	雷迅、ACFLY	ACFLY-K9
无人机机架	强度高,韧性好,质量轻	复合材料板材、碳纤维板材		轴距 700 mm 机架(复合碳纤维、航空铝)
无人机动力系统	各项性能指标应满足设计需求	30 A 以上	好盈电调 T-moto 电机	1.50 A 品牌电调 2.X-5008 KV340 电机 3.P18×6.1 in 螺旋桨
无人机链路系统	通信稳定,工业级品质	数传、图传、遥控器三位一体	云卓、思翼	思翼 SIYI MK15
云台相机	全画幅、相机像素 2 400 W(6 000×4 000),双轴云台,正摄像机			
抛投器	通用型	通用型	猎鹰	jx20
其他部件	见下文	见下文	见下文	见下文

组件选择说明:

(1)无人机链路系统。

选用数传、图传、遥控器三位一体的无人机通信设备(工业级),云卓等均可以考虑。云卓 H12/H16 遥控器和思翼 SIYI MK15 遥控器如图 3-2 所示。

(a)云卓 H12/H16 遥控器

(b)思翼 SIYI MK15 遥控器

图 3-2 云卓 H12/H16 遥控器和思翼 SIYI MK15 遥控器

这两个遥控器的性能相差不大,都能满足项目要求,最终选取的是思翼 SIYI MK15 遥控器。

(2)Foxtech A7R2 测绘相机(图 3-3)。Foxtech A7R2 测绘相机将 Multi 接口直接和 K9 飞控的航测接口连接。由于飞控和相机接口对应的线序不一样,需要自行调换热靴和快门两根线的位置。

图 3-3　Foxtech A7R2 测绘相机

任务 1　无人机的质量与续航时间

任务描述

根据项目要求,所组装的无人机需要能够开展测绘、巡检、航拍及应急救援等任务。因此,除了要组装一台无人机及飞行平台外,还需要配备云台、相机、抛投器等外部载荷。同时要求无人机单块电池能够满载续航 40 min 左右。因为无人机总质量和无人机续航时间是一对关系紧密的物理量,所以在进行无人机选型之前必须要考虑这两个参数。

任务实施 1

1. 多旋翼总质量

多旋翼总质量($W_总$)包括无人机结构的质量($W_{结构}$)、动力系统质量($W_{动力}$)、电池质量($W_{电池}$)、航电系统质量($W_{航电}$)及任务载荷质量($W_{载荷}$),即

$$W_总 = W_{结构} + W_{动力} + W_{电池} + W_{航电} + W_{载荷}$$

请选择两款多旋翼无人机,经过查阅产品说明书,选择方便拆解的多旋翼无人机,开展测量,并完成表 3-3 中的记录。

表 3-3 多旋翼无人机测量记录

被测量	涉及部件	1 型无人机质量/kg	2 型无人机质量/kg
$W_\text{总}$	含电池及负载		
$W_\text{结构}$	机架、脚架、机械连接等		
$W_\text{动力}$	螺旋桨、电机、电调、连接线等		
$W_\text{电池}$	电池		
$W_\text{航电}$	飞控、接收机、数传电台、Wi-Fi 模块等的质量		
$W_\text{载荷}$	云台、相机、抛投器及挂载		

通过上述测量数据你发现了哪些规律？$W_\text{航电}$这部分的质量是不是相差不大？

2. 选取电池

选取电池，如图 3-4 所示，进行表 3-4 中的测量及计算。

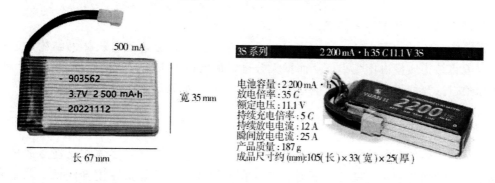

图 3-4 待测试电池

表 3-4 电池测量记录

	质量/kg	能量 $P/t/(\text{W}\cdot\text{h})$	能重比(能量/质量)
镍铬电池			
镍氢电池			
锂电池			
1 型聚合物锂电池			
2 型聚合物锂电池			
高聚合物锂电池			

哪种电池的能重比(能量/质量)最大？说明了什么？

知识点1：无人机机体材料及选型

无人机的结构质量和材质与工艺有关。通常无人机机身采用复合材料夹心模具铺层工艺，质量为无人机总质量的10%～20%；采用碳纤维管及板材切割组装工艺，质量为无人机总质量的20%～30%；采用塑胶模具注塑工艺，质量为无人机总质量的30%～40%。

通常情况下，航电设备的质量约为300 g；动力系统的质量约为无人机总质量的20%。假设采用碳纤维管及板材切割组装工艺，并估计结构质量 $W_{结构}=0.2W_{总}$，则

$$W_{总}=W_{结构}+W_{动力}+W_{电池}+W_{航电}+W_{载荷}$$
$$W_{总}=0.2W_{总}+0.2W_{总}+W_{电池}+0.3\ \text{kg}+W_{载荷}$$
$$0.6W_{总}=W_{电池}+0.3\ \text{kg}+W_{载荷}$$
$$W_{总}=\frac{W_{电池}+W_{任务}+0.3\ \text{kg}}{0.6} \tag{3-1}$$

式中，$W_{任务}$ 为无人机的载荷质量。

需要注意的是，在式(3-1)中，分母0.6是可变的，通过改善机体的结构和制作工艺可以使得结构质量占比变小，从而增大分母，最后使整个无人机的总质量下降。另外，也可以通过选择能量密度更大的电池，通过减小 $W_{电池}$ 来降低无人机的总质量。

知识点2：锂聚电池的能量密度

能量密度指的是单位质量或单位体积的电池所放出的能量，即体积比能量或质量比能量。能量密度和功率密度都是变量，电池在使用多次以后能量密度会降低，功率密度也会下降，且这两个量也是随着环境的变化而变化的，比如在极为寒冷或炎热的季节，它们都会发生一定程度的变化。

电池的能量密度指电池能够提供的能量和电池质量的比值，即 $\frac{Pt}{W_{电池}}$，其中，t 为无人机的续航时间，常用瓦·时/千克（W·h/kg）来表示。电池的能量密度为100～150 W·h/kg。

锂离子动力电池单体能量密度大约为200 W·h/kg，以图3-5所示的6S格氏锂电池为例，已知其质量为1 830 g。

图3-5　6S格氏锂电池

项目三 典型应用场景无人机的自主选型

则其能量密度为

$$\frac{Pt}{W_{电池}} = \frac{UIt}{W_{电池}} = \frac{22.2 \times 16 \times 1}{1.83} \approx 194 (\text{W} \cdot \text{h/kg}) \tag{3-2}$$

即每 1 kg 质量的电池能够提供 194 W·h 的电能。

也可以选用能量密度比更高的电池。图 3-6 所示为江西省某厂商（MAD）生产的高密度固态锂电池，其储能为 22.2 V×25 A＝555 W，单块电池质量为 1 955 g 左右。

图 3-6 MAD 固态锂电池

根据式（3-2）有

$$\frac{Pt}{W_{电池}} = \frac{UIt}{W_{电池}} = \frac{22.2 \times 25 \times 1}{1.955} \approx 284 (\text{W} \cdot \text{h/kg}) \tag{3-3}$$

可知其能量密度为 284 W·h/kg 左右。

知识点 3：质量与续航时间

考虑到多数电机在 3~5 A 的电流下效率最高，一般作业飞行的多旋翼无人机在巡航中的效率不小于 8 g/W，即电机每提供 1 W 的功率，能带动 8 g 的质量，可表示为

$$\frac{P_{总}}{W_{总}} = \frac{1}{8} = 0.125 \, (\text{W/g}) = 125 \, (\text{W/kg})$$

考虑到 $P_{总}$ 的单位为 W，$W_{总}$ 的单位为 kg，所以等式两边单位约掉后有

$$P_{总} = 125 W_{总} \tag{3-4}$$

即每 1 kg 无人机质量需要电机提供 125 W 的功率来保证无人机的正常作业。因为电机的功率最终由电池来提供，所以可以建立电池功率和无人机总质量的关系。假设选用上述的 16 000 mA·h 的 6S 格氏锂电池，则可以得出

$$\frac{125 W_{总} t}{W_{电池}} = 194$$

继而得出

$$W_{电池} = \frac{125 W_{总} t}{194} = 0.644 W_{总} t \tag{3-5}$$

$$W_{总} = \frac{W_{电池} + W_{任务} + 0.3 \text{ kg}}{0.6} = \frac{0.644 W_{总} t + W_{任务} + 0.3 \text{ kg}}{0.6} \tag{3-6}$$

继而有

$$W_{总} = \frac{W_{任务} + 0.3 \text{ kg}}{0.6 - 0.644 t} \tag{3-7}$$

例题：要组装 1 台搭载 2 kg 重任务载荷的无人机，续航时间为 0.5 h，这台无人机大

概有多重？如果续航时间要达到 45 min，无人机有多重？可否续航 1 h 呢？（设电池的能重比为 194 W·h/kg）

续航 0.5 h：$W_\text{总} = \dfrac{W_\text{任务} + 0.3 \text{ kg}}{0.6 - 0.644t} = \dfrac{2 + 0.3}{0.6 - 0.644 \times 0.5} \approx 8.27 \text{ (kg)}$

续航 45 min：$W_\text{总} = \dfrac{W_\text{任务} + 0.3 \text{ kg}}{0.6 - 0.644t} = \dfrac{2 + 0.3}{0.6 - 0.644 \times 0.75} \approx 19.66 \text{ (kg)}$

续航 1 h：$W_\text{总} = \dfrac{W_\text{任务} + 0.3 \text{ kg}}{0.6 - 0.644t} = \dfrac{2 + 0.3}{0.6 - 0.644 \times 1}$

观察第三个式子的分母，可见其为负值，因此，续航 1 h 是不可能实现的。观察上式可知，"0.644"与电池能量密度有关，可以通过选用能量密度比更高的电池降低该参数，只要该参数降到低于 0.6，则续航时间可达 1 h；另外，由任务 1 可知，系数"0.6"是假设机架质量为总质量的 0.2%，动力设备也为总质量的 20% 得出的，因此可以通过选用更好的机体结构，或选用更轻的且符合动力需求的电机电调来降低该系数。

假设机体机构质量降至 $0.1W_\text{总}$，动力设备质量降至 $0.15W_\text{总}$，同样续航 45 min，则有

$$W_\text{总} = \dfrac{W_\text{任务} + 0.3 \text{ kg}}{0.75 - 0.644t} = \dfrac{2 + 0.3}{0.75 - 0.644 \times 0.75} = 8.61 \text{(kg)}$$

与之前的 19.66 kg 相差 11 kg 左右，由此可见，机架及动力设备选型的重要性。

任务实施 2

本项目要求无人机载重能力 1 kg 以上，假设 $W_\text{任务}$ 为 1.5 kg；续航时间为 40 min，转化为小时就是 0.66 h，由于该型无人机兼具航拍测绘、喊话、抛投等功能，并要求空载续航时间较长，因此在结构设计和产品选型上，应尽可能选取轻型且符合材料及高能重比的储能设备。

因此，在机架等机体部件的选取上，选用符合碳纤维制作机身及机臂；选取 7050 航空铝合金结构件。所选取的部分部件如图 3-7 所示。

(a) 超轻电机座 (35 g)

(b) 机臂折叠件 (72 g)

(c) 脚架连接件 (23 g)

图 3-7　超轻电机座、机臂折叠件及脚架连接件

假设机身质量降至 $0.19 W_\text{总}$，动力设备总质量为 $0.2 W_\text{总}$，则式（3-1）变为

$$W_{总} = \frac{W_{电池} + W_{任务} + 0.3 \text{ kg}}{0.63} \tag{3-8}$$

选用 MAD 迈得机电的高密度锂电池,能重比为 284 W·h/kg,则式(3-5)变为

$$W_{电池} = \frac{125 W_{总} t}{284} = 0.44 W_{总} t \tag{3-9}$$

则式(3-7)变为

$$W_{总} = \frac{W_{任务} + 0.3 \text{ kg}}{0.61 - 0.44t} \tag{3-10}$$

将 1.5 kg 任务载荷、40 min 续航时间等参数代入式(3-10),则有

$$W_{总} = \frac{W_{任务} + 0.3 \text{ kg}}{0.61 - 0.44t} = \frac{1.5 + 0.3}{0.61 - 0.44 \times 0.67} = 5\ 714 \text{ (g)}$$

需要说明的是,上述公式的推导只是一个估算,这是在进行无人机设计时需要完成的第一步,在此基础之上再进行具体的动力选择及器件选型,将事半功倍。

任务 2 飞行平台的选择

任务描述

根据项目要求,所组装的无人机需要能够开展测绘、巡检、航拍及应急救援等任务,因此,需要对平台布局和详细载荷进行论证及选型。

任务实施

1. 平台布局的选择

平台的选择原则如下:

(1)考虑产品使用的特殊性,是否一定要使用四旋翼无人机,如航拍视角、雷达遮挡等需求。

(2)市场或客户的喜好及心理需求。

(3)飞行系统的稳定性,动力系统的冗余。

(4)项目或客户对外形尺寸的要求。

通过本项目的任务 1,已经计算出本项目组装的无人机总质量为 5 714 g(本项目设计的无人机载重为 1.5 kg,续航时间为 40 min)。为了让无人机能够起飞,所需提供的总拉力最少为 5 714 N,所需的总功率 $P_{总} = 125 W_{总} = 125 \times 5.714 = 714$(W);如果使用四旋翼无人机,每个动力轴的拉力为 1 429 N,功率为 179 W;如果使用六旋翼,每个动力轴的巡航拉力为 952 N,功率为 119 W。

考虑到本项目所组装的无人机需要安装云台相机及抛投器等诸多任务载荷,同时为

了提高其气动性能,尽可能地提高续航时间,本次任务选择四旋翼架构。

2. 动力组的选择

(1)电池的选择。

无人机总巡航拉力为 55.997 2 N,总巡航功率 714 W,由此可以得出需选用 4S~12S 各型电池,其对应的电流见表 3-5。

表 3-5 4S~12S 各型电池对应的电流表

电池 S 数	4S 电池	6S 电池	12S 电池
标称电压	14.8 V	22.2 V	44.4 V
所需电流	714/14.8=48.2(A)	714/22.2=32.2(A)	714/44.4=16.1(A)

由此可见,电池电芯数越高,总的标称电压越高,但对应的工作电流就小,电缆接头等浪费的电能就少,并且可以选择相对较细、较轻的电缆。所以,选择多芯的高压电池是较好的方案,考虑到安全电压为 36 V,如果人体短时间接触时不会对其造成伤害,如果持续接触,电压超过 24 V、电流超过 10 mA 就会对人体造成伤害。所以无论是 6S 电池还是 12S 电池,在实际使用时都要注意用电安全。本项目中 6S 电池和 12S 电池均可选择,12S 电池更优。结合本项目中的无人机任务需求及无人机总质量等各方面因素,经综合考虑,最终选取 6S 锂电池。

(2)电机、螺旋桨的选择。

实际的动力选型时,应留有至少 50% 以上的动力冗余,机动性要求越高,动力冗余度还要加大。总质量为 5 714 g 的无人机,需要的总拉力至少为 56 N,所需的最小功率(巡航功率)为 714 W,假设冗余系数用 α 表示,则有

$$L_{最大} = (1+\alpha) \times L_{巡航}$$

如果选择至少 50% 的动力冗余,则有

$$L_{最大} = (1+0.5) \times L_{巡航} = 1.5 L_{巡航}$$

在考虑动力冗余后,每个动力轴的最大拉力为 14.004 2 N 的 1.5 倍,约为 14 N;每个轴的最大功率为 119 W 的 1.5 倍,约为 179 W。由此可知,电机的选择依据为最大功率 179 W,119 W 时电机效率比较高。

电机选型时,首先要选定一个厂家,然后预估一个电机型号。螺旋桨的选择依据为:最大功率为 119 W 时,拉力大于 14 N,同时与所选电机匹配。本次任务预估的 T—Motor 的 MN5008 型号电机如图 3-8 所示。对应电机的规格表见表 3-6。

图 3-8 T—Motor 的 MN5008 型号电机

表 3-6 对应电机的规格表

类型	螺旋桨	节气门	电压/V	电流/A	功率/W	转数/(r·min^{-1})	扭矩/(N·m)	质量/g	效率/(g·W)	温度/℃
MN5008 KV340	T-MOTOR P17×5.8×CF	40%	23.47	288	68	3 057	0.16	776	11.5	61
		45%	23.43	3.98	93	3 443	0.19	986	10.56	
		50%	23.38	5.33	125	3 835	0.24	1 224	9.82	
		55%	23.33	686	160	4 191	028	1 455	9.09	
		60%	23.27	8.53	199	4 511	0.34	1 697	8.55	
		65%	23.21	10.38	241	4 808	038	1 936	8.03	
		70%	23.15	12.40	287	5 097	042	2 176	7.58	
		75%	2308	14.71	339	5 392	048	2 440	7.19	
		80%	23 00	17.16	395	5 674	0.53	2 701	6.85	
		90%	22 82	23.18	529	6 230	0.65	3 277	62	
		100%	22.72	26.39	600	6 430	0.69	3 556	5.93	
	T-MOTOR P18×6.1×CF	40%	23.44	3.76	88	2 958	0.21	996	11.29	88
		45%	23.39	5.12	120	3 314	0.27	1 238	10.34	
		50%	23.33	6.93	162	3 677	0.32	1 541	9.54	
		55%	23.26	8.95	208	4 013	0.38	1 822	8.75	
		60%	23.19	11.12	258	4 303	0.45	2 120	8.22	
		65%	23.11	13.46	311	4 579	0.50	2 394	7.7	
		70%	23 04	16.01	369	4 846	0.56	2 675	7.26	
		75%	22.95	18.83	432	5 111	0.62	2 966	6 86	
		80%	22 86	22.02	503	5 370	0.70	3 262	6 48	
		90%	22 63	29 46	667	5 842	083	3 909	5.86	
		100%	22.51	33.50	754	6 049	089	4 215	5.59	

由表 3-6 可以发现，选取 KV 值为 340，螺旋桨为 P18×6.1 in，可以较好地满足 119 W，获得较高的力效。

为了保障本项目所组装的无人机在夜间具有很好的辨识性及一定的防水功能，最终选取了与 T—Motor 的 MN5008 性能类似的另一款自带 LED 航向灯的 5X—5008 多旋翼动力套装，如图 3-9 所示。

具体参数为 5X—5008 KV340，螺旋桨为 P18×6.1 in，50% 油门推力可达 12.74 N，最大拉力为 39.2 N，符合设计要求。

(3) 电调的选择。

因选取 6S 锂电池，总电流为总功率和电池标称电压的比值，即 714÷22.2≈32.16(A)，单臂巡航电流为 32.16/4≈8.04(A)，最大电流为 8×1.5＝12(A)。

无人机悬停时的电流为最大电流的 4～5 倍。为了安全起见，选择最大电流的 4 倍，即 $12×4=48(A)≈50(A)$。所以选取持续电流为 50 A 的电调即可，具体厂商和型号这里不再赘述。

图 3-9　5X—5008 多旋翼动力套装

（4）电池的选择及验证。

由式（3—9）可知

$$W_{电池}=0.44W_{总}t=0.44×5.72×0.67≈1.69(kg)$$

高密度固态电池的能重比为 264，则有

$$P_{总}t=264×W_{电池}=264×1.69=446(W·h)$$

前面选取了 6S 锂电池的电压为 22.2 V，故

$$电池容量=446/22.2≈20\ 090(mA·h)$$

通过前面的计算可知，最大电流为 48 A，即 48 000 mA·h。

最大电流和电池容量的比值称为放电倍率，即 48 000 mA·h/20 090 mA·h≈2.4，因此，选择放电倍率为 3C 以上，电池容量大于 20 090 mA·h 的 6S 固态锂电池就可以了。本项目最终选取的电池为图 3-6 所示的 MAD 型 25 000 mA·h 的 6S 固态锂电池。

知识点 1：螺旋桨的认知

螺旋桨安装在电机上，通过电机旋转带动螺旋桨旋转。多旋翼无人机多采用定距螺旋桨，即桨距固定。定距螺旋桨从桨毂到桨尖安装角逐渐减小，这是因为半径越大的地方，线速度越大，受到的空气反作用就越大，容易造成螺旋桨因各处受力不均匀而折断。

项目三 典型应用场景无人机的自主选型

同时螺旋桨安装角随半径的增加而逐渐减小，能够使螺旋桨从桨毂到叶尖产生一致升力。

衡量螺旋桨的主要有螺距和尺寸两个，指标一般是 4 位数字，前面 2 位代表桨的直径，后面两位代表螺距。电机与螺旋桨的搭配是非常复杂的问题，建议采用常规配置。一般情况下，螺旋桨越大，升力就越大，也就需要更大的力量来驱动；螺旋桨转速越高，升力越大；电机的 KV 值越小，转动力量就越大。

因此，大螺旋桨就需要用低 KV 值电机，小螺旋桨就需要用高 KV 值电机（因为需要用转速来弥补升力不足）。如果高 KV 值电机带大桨，力量不够，实际还是低速运转，并且电机和电调很容易烧掉。如果低 KV 值电机带小桨，完全没有问题，但升力不够，可能导致无法起飞。

为了减少桨叶的振动，利用静平衡和动平衡实验来进行测试。螺旋桨静平衡是指螺旋桨重心与轴心线重合时的平衡状态；而螺旋桨动平衡是指螺旋桨重心与其惯性中心重合时的平衡状态。当出现不平衡的情况时，可以通过贴透明胶带到轻的桨叶，或用砂纸打磨偏重的螺旋桨平面（非边缘）来实现平衡。

根据材质的不同，桨叶（图 3-10）可以分成注塑料桨、碳纤维桨和木桨。

图 3-10 桨叶

知识点 2：电机参数

在微型无人机中使用的动力电机可以分为两类：有刷电机和无刷电机。其中，有刷电机由于效率较低，在无人机领域已逐渐不再使用。无刷直流电机具有多种优势，比如效率高、便于小型化及制造成本低。

无刷电机由控制器提供不同方向的直流电，来达到电机线圈电流方向的交替变换，无刷电机的转子和定子之间没有电刷换向器。

无刷电机的内转子电机和外转子电机如图 3-11 所示。外转子电机可以提供更大的力矩，因此更容易驱动大螺旋桨而获得更高效率。无刷电机需要用交流电来驱动，所以外面需要接上一个电子调速器。

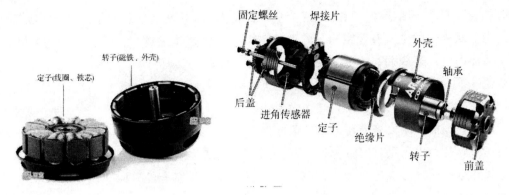

图 3-11　内转子电机和外转子电机

电机的指标参数包括尺寸、标称空载 KV 值、标称空载电流和电压、最大电流/功率、内阻、电机效率、总力效等参数。

(1) 尺寸。

电机的尺寸取决于定子的大小，由一个 4 位数字来表示。例如 2212（或写成 22×12）电机，前两个数字代表定子直径（单位为 mm），后两个数字代表定子高度（单位为 mm），因此 2212 电机表示电机定子直径为 22mm，定子高度为 12mm。前面两位数字越大，电动机越粗，后面两位数字越大，电动机越高。高大粗壮的电动机，功率就更大，适合驱动更大的多旋翼无人机。

(2) 标称空载 KV 值。

无刷直流电机的 KV 值指的是空载情况下，当电动机的输入电压增加 1 V 时，电动机无刷电机空转转速增加的值，单位为"转速/伏特"[r/(min·V^{-1})]。例如，KV950 电机，外加 1 V 电压，电机空转转速为 950 r/min；外加 2 V 电压，电机的空转转速是 1 900 r/min；电压为 10 V 时，电机的空转转速将达到 9 500 r/min。单从 KV 值不可以评价电动机的好坏，因为不同 KV 值适用于不同尺寸的螺旋桨。KV 值小的电机的绕组匝数更多、更密，能承受更大的电流，所以可以产生更大的转矩去驱动更大尺寸的螺旋桨，相反，KV 值大的电机的绕组匝数少，产生的转矩小，适合驱动小尺寸的螺旋桨。大型螺旋桨可以选用 KV 值较小的电机，而小型螺旋桨可以选用 KV 值较大的电机。

(3) 标称空载电流和电压。

在空载（不安装螺旋桨）试验中，对电机施加空载电压（通常为 10 V）时测得的电机电流被称为空载电流。

(4) 最大电流/功率。

最大峰值（瞬时）电流/功率是指电机能承受的最大瞬时电流/功率；最大连续（持续）电流/功率是指电机能允许持续工作（规定时间）而不烧坏的最大连续电流/功率。

(5) 内阻。

电机电枢本身存在内阻，但该内阻很小，但是由于电机电流很大有时甚至可以达到几十安培,所以该小内阻不可忽略。

(6)电机效率。

电功率(W)=电机输入电压(V)×电机电流(A),电机效率=机械功率(W)/电功率(W)。

知识点3:电调参数

电调全称为电子调速器,英文 electronic speed controller,简称 ESC。在整个飞行系统中,电调主要提供驱动电机的指令来控制电机,完成规定的速度和动作等。电调是控制电机转速的调速器,必须与电机相匹配。电调可实现把电池提供的直流电转变成交流电送给电机,让电机运行。

电调可以通过接收 PWM 信号来将输入的电源转为不同的电压,并输出到电机,从而达到使电机产生不同的转速的目的。有刷电调可以改变电流方向,从而可以改变电机转动方向。而无刷电调却不能改变电机的转动方向,但是可以将直流电转为三相交流电,从而输出到无刷电机上。电调有两个比较重要的指标:最高电压和最大电流。

无人机用电调具有以下作用:

①电调最基本的功能就是通过飞控板给定 PWM 信号进行电动机调速,将飞行控制器的控制信号变为电流的大小,以控制电机的转速,因为电机电流很大,通常每台电机正常工作时平均电流为 3 A 左右,如果没有电调,飞控是无法承受那么大的电流的。

②电调发挥了变压器的作用,为遥控接收机上其他通道的舵机供电。

③电调为飞控供电。

④充当换相器的角色,因为无刷电机没有电刷进行换相,所以需要靠电调进行电子换相。

⑤电调还有一些其他辅助功能,如电池保护、启动保护和刹车等。

电调的指标参数对无人机飞行的稳定性十分重要,因此,要选取正确的电调参数。

(1)最大持续/峰值电流。

最大持续电流指的是在正常工作模式下的持续输出电流。峰值电流指的是电调能承受的最大瞬时电流。

(2)电压范围。

例如"LiPo 3—4S"字样,表示这个电调适用于 3~4 节电芯串联的锂聚合物电池,也就是说,它的电压范围为 11.1~16.8 V。

(3)刷新频率。

多旋翼无人机与其他类型无人机不同,不使用舵机,而是由电调直接驱动,其响应速度远超舵机。目前,具备 Ultra PWM 功能的电调可支持高达 500 Hz 的刷新频率。

(4)可编程特性。

通过内部参数设置,可以达到最佳的电调性能。通常有 3 种方式可对电调参数进行设置：

①通过编程卡直接设置电调参数。

②通过 USB 连接，用计算机软件设置电调参数。

③通过接收器，用遥控器摇杆设置电调参数。

无刷电调的作用是将直流电转为三相交流电，通过改变输出电压，来改变无刷电机转动的速度。与有刷电调不同的是，无刷电调不能改变电机的转动方向，改变无刷电机转动方向只需要将电机的 3 根电源线的任意两根反接即可。由于无刷电调不能改变电机的转动方向，所以 PWM 占空比由 50%～100%逐渐变化的过程就是电机由停转到越转越快的过程，直至达到最大转速，如图 3-12 所示。

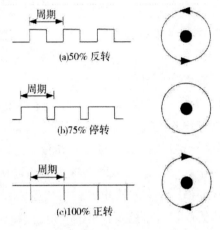

图 3-12　电机 PWM 控制图

电机确定好之后，便可知其最大电流，可以根据电动机的最大电流选择电调。在选择电调之前，应比较各品牌电调的性能参数和性价比，选择最合适的电调。电调和电动机要合理匹配，选择时一般遵循如下原则。

(1)电调的输出电流必须大于电动机的最大电流。

(2)电调能够承受的最大电压要大于电池电压。

(3)电调最大电压不能超过电机能够承受的最大电压。

(4)电调最大持续输出电流要小于电池持续输出电流。

现在多旋翼无人机一般使用的电调分两类：一种是带 BEC 的电调；另一种是不带 BEC 的 OPTO 光电电调。BEC 电调有分流供电能力，可将动力电池电压变为 5 V 电压给飞控供电，但通常只保留一个电调供电。如果使用不带 BEC 的电调就需要给飞控单独供电。

无刷电调按照电流大小分为 30 A、40 A、50 A、60 A、80 A、120 A 等常用电调。

项目三　典型应用场景无人机的自主选型

任务 3　飞控选型及无人机的调试

根据项目要求，所选飞控应支持测绘、航拍及应急救援等功能，且需要具备一定的精度，同时支持二次开发。具备上述功能的开源飞控还是较多的。本项目选取 ACFLY 系列中的 K9 飞控来支持各项任务的实施。在熟悉 K9 飞控的特点及其接口作用后，完成电调、接收机、GPS、RTK、云台相机等设备的电气连接，并利用地面站进行硬件基本参数的设置及无人机调试。

1. 熟悉 K9 飞控及其接口

K9 系列多旋翼无人机自动驾驶仪是 ACFLY 博睿创新自主研发的面向无人系统行业的抗磁干扰智能控制器，超高性能硬件配合 ADRC 自抗扰算法实现稳定飞行、精准飞行控制和简便飞行设置，丰富的外设全面满足行业应用的复杂要求。K9 系列已广泛应用于地理测绘、电力巡检、公安监控、应急救援、农业植保和无人机考证等众多领域。K9 飞控（图 3-13）使用的算法与 APM 及 Pixhawk 中使用的算法不同，它采用的是基于改进的 ADRC 自抗扰算法，且架构清晰，硬件接口丰富，二次开发拓展性极高，可为行业用户自研功能的开发提供便捷的入口。

图 3-13　K9 飞控

图 3-14 所示为 K9 飞控接口示意图。从图 3-14 可以看出，最上方提供了两个 RTK 天线接口，以及 USB、I^2C、CAN 接口。本项目选取 K9－PRO 版飞控，内置 RTK，只要在相应端口接上四臂螺旋天线即可。螺旋天线如图 3-15 所示。如果选用的是 K9 飞控，那么也可以通过飞控左下方的接口来外接 RTK。K9 常用接口说明如表 3-7 所示。

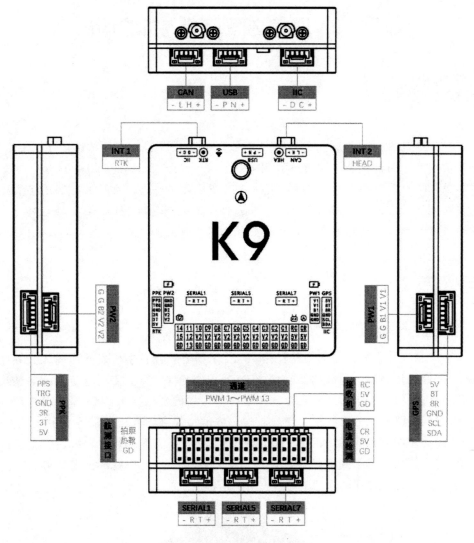

图 3-14　K9 飞控接口示意图

表 3-7　K9 常用接口说明

标识	定义	说明
5V	5 V 电源	输出
8T	GPS 串口	发送
8R	GPS 串口	接收
GND	接地	
SCL	I^2C-SCL	磁罗盘
SDA	I^2C-SDA	磁罗盘

项目三 典型应用场景无人机的自主选型

图 3-15 螺旋天线(接 RTK)

图 3-14 的右下方可以看到 GPS 接口、接收机接口、电流检测接口及信号标识。在硬件电气连接时,只要将相应的信号端与其相连即可。本项目选用的 GPS 如图 3-16 所示,其内置了磁罗盘。

图 3-16 内置了磁罗盘的 GPS

K9 飞控提供了 15 个 PWM 通道,其中 1～10 通道是完整的三线接口,均包含 PWM 信号输出、电源、接地信号 3 个引脚。后面的 5 个通道只提供 PWM 信号输出端,如有必要,地线和电源线可以共用。K9 飞控的原始固件程序中有相机快门、云台、接收机等设置对应的接口。因此,为了方便起见,本项目和其原有接口定义保持了一定性,未对接口和底层代码进行二次开发。接口定义见表 3-8。

表 3-8 接口定义

数传	SERIAL7
云台俯仰控制	PWM12
拍照控制	PWM14
飞控供电	PW1
接收机	RC/5 V/GD

遥控器接收机、GPS、RTK 按上述接口连接后无须另外配置,数传接口默认波特率为 57 600,可在地面站调参时修改。

2. 飞控的接线

本项目使用一组电池,所以只要将电池正负极连接至飞控 PW1 接口 V1、GD 端,将 B1 和 V1 并联实现电压监测即可。另外,将电流传感器的两端串联在需要测量电流的负极供电线上,其中电池负极端焊接到电池负极,动力负极端焊接到后级设备的负极。将电流传感器的 S、+、−(3 线)连接至飞控的 CR、5 V、GD 即可。

飞控出厂默认机型为四旋翼 X 型，需按照图 3-17 所示方向放置。飞控默认左上角电机为 1 号电机，按逆时针顺序分别为 1、2、3、4。其中 1 号和 3 号电机逆时针旋转，2 号和 4 号电机顺时针旋转。将飞控按上述方向紧固在无人机上，并按上述要求安装电机及电调。

图 3-17　飞控放置方向

3. 无人机校准及配置

使用飞控自带的调参数据线，一端连接飞控的 USB 接口（MX1.25－4P 插头），另一段连接计算机的 USB 接口，计算机会出现一个虚拟串口和一个 U 盘，虚拟串口用于连接地面站，开展无人机调参，U 盘对应的是飞控内部的 SD 卡，用于日志记录和存储航拍作业时的照片及 POS 数据。飞控上电后会进入自检程序，并完成陀螺校准，完成后 LED 指示灯绿色慢闪。

计算机端打开 ACFLY GCS 地面站，点击左上角图标→"通信连接"→"新建"→"类型选择 USB 串口"→"选择对应飞控端口号"→"选择波特率（57 600）"→"勾选数传链路→"确定"，点击连接。连接成功后，在进入互联网的情况下，地面站加载数据经过 30 s 左右就可以看到如图 3-18 和图 3-19 所示加载地图后的地面站，同时显示飞行状态、RTK 数量、GPS 数量、电量、通信质量等（参数）。

图 3-18　加载地图后的地面站(1)

(1)信息总览。

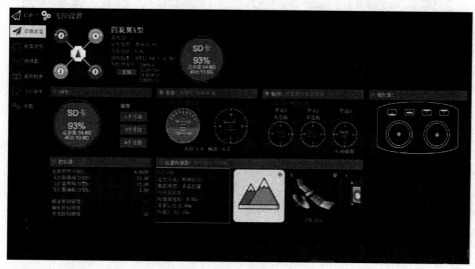

图 3-19　加载地图后的地面站(2)

点击左上角图标→"飞控设置"→"信息总览",可以看到无人机基本信息,如果信息显示不完整或者不显示,则需要更新固件至最新版本,在此页面可以查看表 3-9 中的信息。

表 3-9　查看无人机基本信息

机型	可在"机架类型"中修改
电池类型	可在飞行调参中修改
固件版本	及时将固件更新至最新版本
姿态、航向	可实时查看飞控姿态信息,根据系统提示进行对应校准
遥控器	可实时查看遥控器状态,根据系统提示进行对应校准
控制器	此栏目为无人机控制相关的参数 电机惯性时间 T:一般默认 0.10 s 力度(b 参数):无人机飞行抖动时调大,摇晃时调小,以 1~2 为调节幅度 感度:根据用户使用习惯,调节飞行手感
位置传感器	可实时查看无人机接入的位置传感器,包括定位方式、数据类型及传感器的数据。传感器图标右上角是其状态,灰色表示有接口、无识别,绿色表示已识别

(2)机架类型。

如图 3-20 所示,点击地面站左上角图标→"飞控设置"→"机架类型",可选择对应的机型。在每个机型下方的三角符号可以选择反向,选择完成后点击右上角"更改飞行器类型"→"Apply",修改完成。需要注意的是,实际组装的无人机电机选择方向必须与地面站中所选机型保持一致。

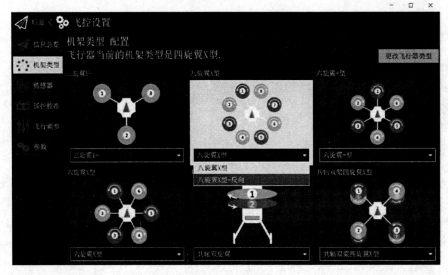

图 3-20　选择机型

(3) 传感器的校准。

如图 3-21 所示，点击左上角图标→"飞控设置"→"传感器"，进行对应传感器的校准。对应传感器栏目出现红点时表示需要校准。需要校准的传感器有磁罗盘、陀螺仪、加速度计、水平校准等。其校准方法与前面两个项目中的校准方法大同小异，磁罗盘的校准需要分别将无人机进行水平和垂直旋转；陀螺仪和水平校准都只需将无人机水平静置一段时间即可完成；加速度计的校准同样需要将无人机的 6 个面各静置一段时间，不需要绝对水平和垂直；在校准的任意过程中，如果点击"取消"按钮，校准流程就随时取消，且飞控原有设置不会被修改。另外，K9 飞控与某些其他商业飞控一样，也可以通过遥控器来完成校准，具体校准方法，请参考其产品手册。

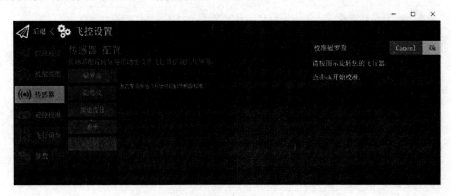

图 3-21　传感器的校准

(4) 遥控校准配置。

如图 3-22 所示，遥控器校准配置如下：

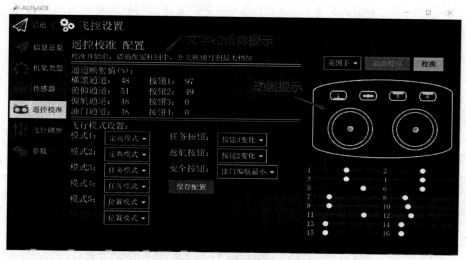

图 3-22 遥控校准配置

①飞控上电自检完成。

②点击左上角图标→"飞控设置"→"遥控校准"。

③打开遥控器，连接接收机，部分遥控器需提前设置好 PPM/SBUS 模式，根据需要设置 2~4 个按钮，如果飞控识别到接收机，则地面站会显示遥控器各通道的原始数值，如果识别不到则会显示 0。

④将 4 个摇杆通道回中，所要设置的 2~4 个按钮并拨到通道最大值，在 ACFLY GCS 地面站中选择美国手、中国手或日本手，点击"校准"按钮，进入校准，按照地面站文字、动画和语音提示执行即可。

(5) 遥控器校准中的飞行模式设置。

如图 3-23 所示，在遥控器校准中，飞行模式设置的第一个按钮用来切换飞行模式，第二、三、四个按钮分别为任务按钮、返航按钮和安全按钮（电机急停按钮）。

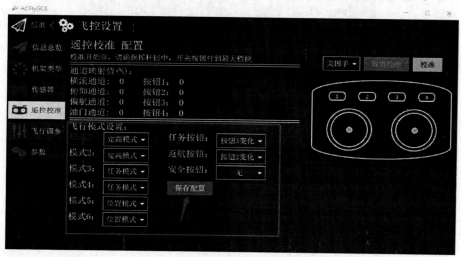

图 3-23 遥控器校准中的飞行模式设置

任务按钮是第二种进入任务模式的方式,在定位成功后按任务按钮可执行任务模式(需设置起飞点)。返航按钮是执行一键返航功能,安全按钮为电机急停按钮。第二、三、四个按钮有按下和变化两种设置(默认按下即可),对应通道值最大时选择按下;无论按钮在哪个挡,只要有变化就执行对应功能。修改后需要点击"保存"按钮,才能完成配置。

(6)飞行调参。

①电池参数设置。如图3-24所示,点击图标→"飞控设置"→"飞行调参"→"电池参数",使用万用表或其他设备测出电池的真实电压,填写到"电池真实电压"一栏里;点击校准系数,"电压分压系数"中会自动更新分压系数,"电池测量电压"也会自动更新;选择电池类型和填写电池节数,点击"保存"按钮参数即可完成电池参数的设置。

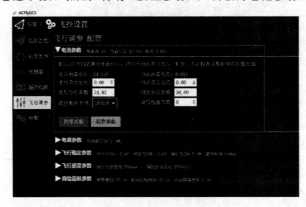

图 3-24 电池参数设置

②电调参数设置。在保证飞控连接到 ACFLY 地面站的情况下,点击左上角图标→"飞控设置"→"飞行调参"→"电调参数",点击"校准电调"(电调校准时间一般为默认,可随时取消校准),如图 3-25 所示。

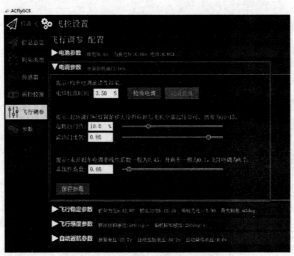

图 3-25 电调参数设置

飞控断电后,用电池给飞控和电机同时上电,然后根据电调说明书上的校准反应判断是否校准成功。

③飞行稳定参数设置(可选)。一般情况下，所有机架都可使用默认参数起飞，后根据飞行情况调试相关参数。如果无人机高频振荡发抖，则需将横滚力度(b参数)调大，以1~2为调节幅度；如果无人机打杆软绵无力，则需将横滚力度(b参数)调小，以1~2为调节幅度；螺旋桨加速至期望值的时间越长，则电机惯性时间参数(参数名：AC_T)越大，若此参数过小，无人机会高频振荡发抖，针对特定机型，此参数需微调，此参数越小(电机加速快)，抗扰性能越好，此参数太小会导致无论怎么调，无人机都会有振荡现象，此参数若大则不会振荡，但是抗扰性能会下降(此参数适中就行，没必要追求太强的抗扰性)。AC_T参数一般为0.1，绝大多数多旋翼无人机无须调节此参数，只需调节横滚力度即可。若需要无人机打杆反应速度快，则需要加大飞控感度。飞行稳定参数设置如图3-26所示。

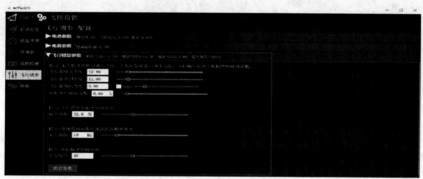

图3-26　飞行稳定参数设置

(7)低压报警及自动返航参数设置。

低压报警及自动返航参数设置，如图3-27所示。

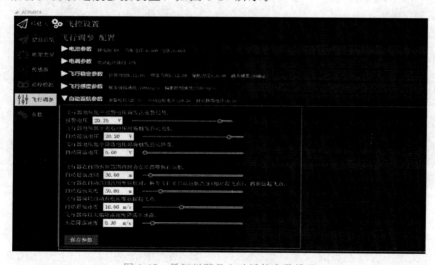

图3-27　低压报警及自动返航参数设置

(8) 其他参数设置。

①波特率修改。图 3-28 所示为数传波特率修改界面。默认数传接口为串口 7，波特率为 57 600，可自行修改，需重启飞控后生效。

图 3-28　数传波特率修改界面

②GPS 位置修改。图 3-29 所示为 GPS 相关设置。当飞控或者传感器安装偏离无人机中心位置或者相距较远时，可点击参数图标，选择"偏移设置"中的"飞控偏移"进行偏移设置，机体坐标系为前左上，前为 X 轴正方向（机头），左为 Y 轴正方向，上为 Z 轴正方向，单位为 cm。

图 3-29　GPS 相关设置

图 3-30 中的 Pofs_S6 为 RTK 偏移，Pofs_S7 为 GPS 偏移。以飞控为原点，比如 RTK 天线在飞控正上方 10 cm 左右的位置，则设置 Pofs_S6—z 为 10；相反，在下方则设置为—1。

图 3-30 Pofs_S6 的设置

③RTK 设置。点击"通信连接"→"新建",类型选择"TCP",勾选 RTK 基站链路,填写用户名和密码,确认无误后点击"确定"按钮,如图 3-31 所示。点击连接,会提示登录成功,并且会显示"RTK√",如图 2-32 所示。卫星图标会显示绿色,如图 3-33 所示。

图 3-31 RTK 登录界面

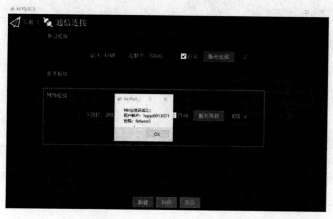

图 3-32 RTK 登录成功界面

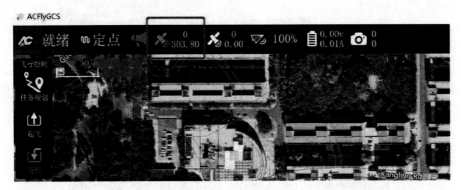

图 3-33 卫星图标

④相机拍照配置。相机拍照配置如图 3-34 所示。

(a)

(b)

图 3-34 相机拍照配置

具体参数定义参考表 3-10。

表 3-10 参数定义

参数名	定义	单位	说明
Aux_14Func	通道 14 功能，拍照		40：相机拍照
Aux_CamOffPwm	拍照关	PWM	默认 1 100；使用电平拍照时为 60 000
Aux_CamOnPwm	拍照开	PWM	默认 2 000；使用电平拍照时为 0
Aux_CamShTime	拍照时间	s	建议 0.1
Aux_CamTrigEna	热靴触发使能		0：禁用；1：启用
SDLog_PPK	PPK 记录		默认：0，更改此参数需重启飞控后生效 0：不记录 PPK 1：记录 GPS 数据 2：记录 RTK 数据

地面测试拍照功能可使用 ACFLY GCS 地面站，数传连接地面站后点击图 3-32 中的相机图案即可，若拍照成功，飞控会滴滴提示两声，绿灯闪烁；若拍照失败，则飞控会长鸣一声并显示红灯。若拍照成功，POS 会记录到飞控内部 SD 卡中，可连接 USB 导出 POS 记录并查看。若飞控插 USB 连接计算机，将停止 SD 卡数据记录，无法写入 POS。地面测试拍照功能如图 3-35 所示。

图 3-35 地面测试拍照功能

⑤POS 记录。如图 3-36 所示，参数 SDLog_PPK 用于 PPK 记录，默认值为 0，不记录 PPK 数据；若设置为 1，则记录 GPS 数据；若设置为 2，则记录 RTK 数据。更改此参数后需重启飞控才生效。

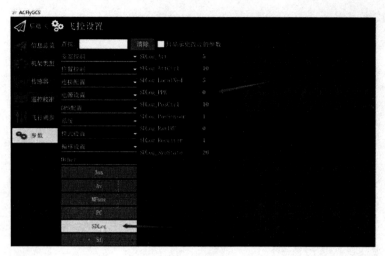

图 3-36　POS 记录

POS 记录将自动采用精度最高的 POS 信息进行记录。POS 格式兼容大疆精灵 4RTK 格式，后缀名为 . txt，PPK 记录文件后缀名为 . ubx，具体文件形式如图 3-37 所示。

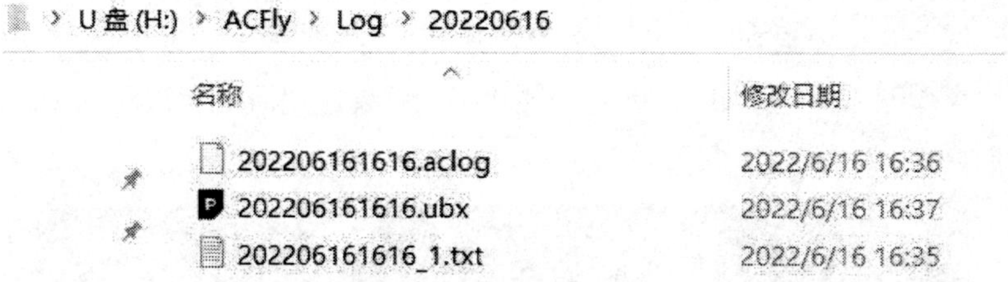

3-37　POS 文件形式

使用 USB 的 U 盘功能可导出 UBX 文件和 POS 文件。图 3-38 所示为. txt 格式的 POS 数据。需要说明的是，在进行测绘数据后期处理时，需要对该数据进行一定的格式处理，才能批量导入到 PIX4D 等内业处理软件中。

1	375994.500344	[2214]	0,N	0,E	0,V	23.04233285,Lat	113.38806551,Lon	44.061,Ellh	0.014000,	0.014000,	0.018000,	50,Q
2	375997.000344	[2214]	0,N	0,E	0,V	23.04228900,Lat	113.38806283,Lon	44.050,Ellh	0.014000,	0.014000,	0.022000,	50,Q
3	375997.900344	[2214]	0,N	0,E	0,V	23.04224190,Lat	113.38806319,Lon	44.060,Ellh	0.014000,	0.014000,	0.020000,	50,Q
4	375998.700344	[2214]	0,N	0,E	0,V	23.04219693,Lat	113.38806304,Lon	44.069,Ellh	0.014000,	0.014000,	0.021000,	50,Q
5	375999.300344	[2214]	0,N	0,E	0,V	23.04215043,Lat	113.38806285,Lon	44.071,Ellh	0.014000,	0.014000,	0.022000,	50,Q
6	376000.200344	[2214]	0,N	0,E	0,V	23.04210726,Lat	113.38806233,Lon	44.022,Ellh	0.014000,	0.014000,	0.023000,	50,Q
7	376001.000344	[2214]	0,N	0,E	0,V	23.04206336,Lat	113.38806089,Lon	43.970,Ellh	0.014000,	0.014000,	0.025000,	50,Q
8	376001.800344	[2214]	0,N	0,E	0,V	23.04204518,Lat	113.38806006,Lon	43.887,Ellh	0.014000,	0.014000,	0.021000,	50,Q
9	376002.900344	[2214]	0,N	0,E	0,V	23.04203487,Lat	113.38806367,Lon	43.861,Ellh	0.014000,	0.014000,	0.018000,	50,Q
10	376005.300344	[2214]	0,N	0,E	0,V	23.04203637,Lat	113.38811548,Lon	44.108,Ellh	0.014000,	0.014000,	0.018000,	50,Q
11	376006.600344	[2214]	0,N	0,E	0,V	23.04203647,Lat	113.38814948,Lon	44.047,Ellh	0.014000,	0.014000,	0.018000,	50,Q
12	376007.600344	[2214]	0,N	0,E	0,V	23.04203716,Lat	113.38816298,Lon	44.019,Ellh	0.014000,	0.014000,	0.021000,	50,Q
13	376009.900344	[2214]	0,N	0,E	0,V	23.04208610,Lat	113.38816352,Lon	44.033,Ellh	0.014000,	0.014000,	0.021000,	50,Q
14	376010.800344	[2214]	0,N	0,E	0,V	23.04213223,Lat	113.38816273,Lon	44.066,Ellh	0.014000,	0.014000,	0.021000,	50,Q
15	376011.600344	[2214]	0,N	0,E	0,V	23.04217867,Lat	113.38816191,Lon	44.108,Ellh	0.014000,	0.014000,	0.019000,	50,Q
16	376012.400344	[2214]	0,N	0,E	0,V	23.04222426,Lat	113.38816111,Lon	44.134,Ellh	0.014000,	0.014000,	0.020000,	50,Q
17	376013.000344	[2214]	0,N	0,E	0,V	23.04226831,Lat	113.38816030,Lon	44.138,Ellh	0.014000,	0.014000,	0.022000,	50,Q
18	376013.900344	[2214]	0,N	0,E	0,V	23.04231161,Lat	113.38815973,Lon	44.098,Ellh	0.014000,	0.014000,	0.022000,	50,Q
19	376014.600344	[2214]	0,N	0,E	0,V	23.04233058,Lat	113.38816024,Lon	44.093,Ellh	0.014000,	0.014000,	0.024000,	50,Q
20	376015.400344	[2214]	0,N	0,E	0,V	23.04234010,Lat	113.38816101,Lon	44.112,Ellh	0.014000,	0.014000,	0.022000,	50,Q
21	376018.000344	[2214]	0,N	0,E	0,V	23.04234130,Lat	113.38821165,Lon	44.216,Ellh	0.014000,	0.014000,	0.022000,	50,Q
22	376019.500345	[2214]	0,N	0,E	0,V	23.04234085,Lat	113.38824466,Lon	44.179,Ellh	0.014000,	0.014000,	0.019000,	50,Q
23	376020.600345	[2214]	0,N	0,E	0,V	23.04233962,Lat	113.38825636,Lon	44.122,Ellh	0.014000,	0.014000,	0.019000,	50,Q
24	376022.900345	[2214]	0,N	0,E	0,V	23.04229175,Lat	113.38825910,Lon	44.093,Ellh	0.014000,	0.014000,	0.019000,	50,Q
25	376023.700345	[2214]	0,N	0,E	0,V	23.04224387,Lat	113.38825958,Lon	44.136,Ellh	0.014000,	0.014000,	0.022000,	50,Q
26	376024.600345	[2214]	0,N	0,E	0,V	23.04219891,Lat	113.38825946,Lon	44.140,Ellh	0.014000,	0.014000,	0.019000,	50,Q
27	376025.400345	[2214]	0,N	0,E	0,V	23.04215314,Lat	113.38825897,Lon	44.187,Ellh	0.014000,	0.014000,	0.019000,	50,Q
28	376026.000345	[2214]	0,N	0,E	0,V	23.04210923,Lat	113.38825798,Lon	44.204,Ellh	0.014000,	0.014000,	0.022000,	50,Q
29	376026.900345	[2214]	0,N	0,E	0,V	23.04206559,Lat	113.38825752,Lon	44.024,Ellh	0.014000,	0.014000,	0.021000,	50,Q
30	376027.800345	[2214]	0,N	0,E	0,V	23.04204518,Lat	113.38825681,Lon	43.867,Ellh	0.014000,	0.014000,	0.021000,	50,Q

图 3-38　. txt 格式的 POS 数据

项目三　典型应用场景无人机的自主选型

知识点1：RTK

RTK（real-time kinematic，实时动态）载波相位差分技术，是实时处理两个测量站载波相位观测量的差分方法。它将基准站采集的载波相位发给用户接收机，进行求差解算坐标。这是一种常用的卫星定位测量方法，以前的静态、快速静态、动态测量都需要事后进行解算才能获得厘米级的精度，而RTK能够在野外实时得到厘米级定位精度的测量。

高精度的GPS测量必须采用载波相位观测值，而PTK能够实时地提供测站点在指定坐标系中的三维定位结果，并达到厘米级精度。在RTK作业模式下，基准站通过数据链将其观测值和测站坐标信息一起传送给流动站。流动站不仅通过数据链接收来自基准站的数据，还要采集GPS的观测数据，并在系统内组成差分观测值进行实时处理，同时给出厘米级定位结果，历时不足1 s。流动站可处于静止状态，也可处于运动状态；可在固定点上先进行初始化后再进入动态作业，也可在动态条件下直接开机，并在动态环境下完成整周模糊度的搜索求解。在整周未知数解固定后，即可进行每个历元的实时处理，只要能保持4颗以上卫星相位观测值的跟踪和必要的几何图形，则流动站可随时给出厘米级定位结果。

利用RTK测量时，至少配备两台GPS接收机，一台固定安放在基准站上，另外一台作为移动站进行点位测量。在两台接收机之间还需要数据通信链，实时地将基准站上的观测数据发送给流动站。对流动站接收到的数据（卫星信号和基准站的信号）进行实时处理。RTK主要完成双差模糊度的求解、基线向量的解算、坐标的转换。

RTK广泛应用于图根控制测量、施工放样、工程测量及地形测量等领域。但RTK也有一些缺点，主要表现在需要架设本地参考站，误差随移动站到基准站距离的增加而变大。

知识点2：PWM

PWM（pulse width modulation），即脉冲宽度调制，是一种模拟控制方式。这种方式广泛应用于从测量、通信到功率控制与变换等领域。PWM可以通过改变脉冲列的周期来调频，也可以通过改变脉冲的宽度或占空来调节电压，从而控制电机的导通时间，达到控制电机转速的目的。也可以通过调整PWM的周期、占空比对充电器的输出电流进行控制。

在无人机应用中，也把PWM直接称为占空比信号，它表示高电平时长占整个信号周期的比例。例如，PWM的整个周期为2 ms，而高电平时长为0 ms，低电平时长为2 ms，那么占空比为0；又如，高电平时长为1 ms，而低电平时长为1 ms，那么占空比则为50%；如果高电平时长为2 ms，而低电平时长为0 ms，那么占空比信号为100%，如图3-39所示。

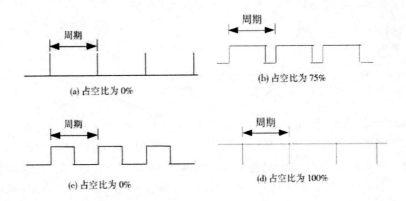

图 3-39　占空比信号

PWM 信号的频率是通常没有规定的，可以是 50 Hz、100 Hz、200 Hz 或 500 Hz 等。控制频率越高，其周期越短，控制间隔就越短，电调和电机响应速度也就越快；反之，控制频率越低，其周期就越长，控制间隔就越长，电调和电机的响应速度就越慢。早期电调响应 PWM 信号的频率是 50 Hz，但随着科技的发展和对控制流畅度的要求，现在多数电调都支持 500 Hz 以上的 PWM 信号，并且电调内部自带滤波器，可以很好地响应并控制电机的转动。

有刷电调可用于有刷电机。通过向电调输入 PWM 信号，从而用电调来控制有刷电机。要想改变电机的转动方向，只需要改变其电源的正负极即可，也就是改变电流的方向。有刷电调可以通过内部电路来改变输出电流的方向，从而达到电机不同方向的转动。

无刷电调的作用是将直流电源转为三相交流电，并通过改变输出电压来改变无刷电机转动的速度。与有刷电调不同的是，无刷电调不能改变电机的转动方向，改变无刷电机转动方向只需要将电机的 3 根电源线的任意两根反接即可。下面介绍无刷电调的 PWM 控制方法。由于无刷电调不能改变电机的转动方向，所以 PWM 占空比由 50% 到 100% 逐渐变化的过程就是电机由停转到越转越快的过程，直至达到最大转速，如图 3-40 所示。

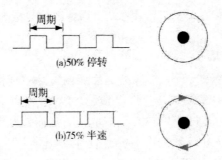

图 3-40　无刷电调控制电机的转动

课后习题

已知某无人机的载荷为 5 kg，总质量为 10 kg，假设能重比为 180 W·h/kg，问该无人机能够飞多久？

项目四　基于 X380 无人直升机的组装与调试

无人直升机是一种由一个或多个水平旋转的旋翼提供向上升力和推进力进行飞行的航空器。无人直升机具有大多数固定翼航空器所不具备的垂直升降、悬停、小速度向前或向后飞行的特点。无人直升机主要包括单旋翼带尾桨无人直升机和共轴无人直升机。单旋翼带尾桨无人直升机是目前最为广泛的机型，它的优点在于结构简单，操纵灵便。它的一个水平旋翼负责提供升力，尾部一个小型垂直旋翼（尾桨）负责抵消旋翼产生的反扭矩。通过本项目的学习，学生可以掌握无人直升机组装与调试的基础知识。本项目成品图如图 4-1 所示。

图 4-1　本项目成品图

项目准备

1. 无人直升机陀螺仪

本项目使用的 MB 野兽无副翼系统如图 4-2 所示。

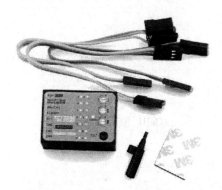

图 4-2　MB 野兽无副翼系统

2. 无人直升机机架

本项目选用的碳纤维材质的 X380 机架如图 4-3 所示。

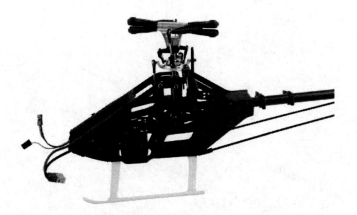

图 4-3　碳纤维材质的 X380 机架

3. 动力系统

本项目使用的 425 1100 型电机如图 4-4 所示。

图 4-4　4025 1100 型电机

本项目使用的 60 A 电调如图 4-5 所示。

图 4-5　60 A 电调

本项目使用的 385 自锁螺旋桨如图 4-6 所示。

图 4-6　385 自锁螺旋桨

本项目选用的格氏锂电池如图 4-7 所示。

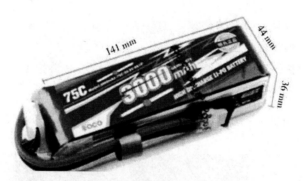

图 4-7　格氏锂电池

任务 1　X380 机身主体安装

> 机身主体安装主要包括侧板安装、轴承安装、舵机安装、电机安装、齿轮组安装、传动安装等。通过本任务的学习，学生熟悉无人直升机的常见结构组成以及安装方法，掌握无人直升机不同传动方式的特点。

机身主体的组成如图4-8所示。

图4-8 机身主体的组成

1. 注意事项

(1)检查机身主要零部件是否齐全。
(2)检查零部件是否有破损、变形。
(3)检查螺丝数量是否足够,螺丝长度是否合适。
(4)使用符合螺丝规格的螺丝旋具,防止螺丝滑丝。
(5)上螺丝时按照对角线原则拧紧,待所有螺丝上完再拧紧。

2. 组装步骤

(1)拿出一片侧板,将一个舵机安装在侧板的舵机位置,并用螺丝固定,如图4-9所示。

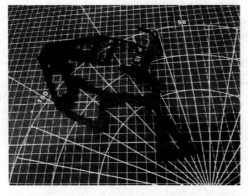

图4-9 机身组装步骤(1)

(2)将两个轴承安装在舵机固定座上,安装之前要在轴承周围涂上中强度的螺丝胶,如图4-10所示。

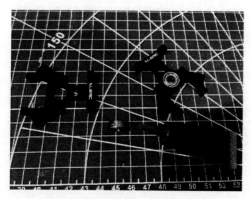

图 4-10 机身组装与步骤(2)

(3)将舵机固定座、碳纤维舵机固定座隔板与两个十字盘舵机组合起来,如图 4-11 所示。

注意:所有紧固件需要打上中强度的螺丝胶。

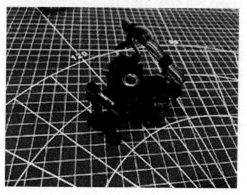

图 4-11 机身组装步骤(3)

(4)将组合的十字盘舵机固定座安装到之前的侧板上,同时下方安装第三主轴轴承座,如图 4-12 所示。同样,所有用到的紧固螺丝均打上中强度的螺丝胶。

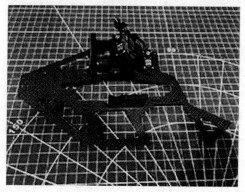

图 4-12 机身组装步骤(4)

(5)将电机固定座上的轴承打胶后安装在孔内,然后再将电机固定座的 4 个孔对应着电机底座上的 4 个孔,用螺丝紧固,如图 4-13 所示,最后打上中强度螺丝胶。

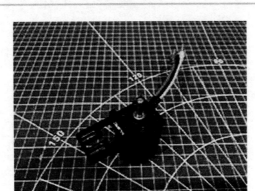

图 4-13　机身组装步骤(5)

（6）电机固定好后，再将电机皮带轮套入电机的转轴上，如图 4-14 所示，注意要套到底，然后用一颗止泄螺丝打上高强度螺丝胶锁死。

图 4-14　机身组装步骤(6)

（7）将组装好的电机座安装到侧板上，如图 4-15 所示。

注意：电机固定座螺丝需要在完成马达皮带安装及调整好松紧度后方可拧紧。

图 4-15　机身组装步骤(7)

（8）将碳纤维陀螺仪固定板垂直安装在侧板上，再将另一侧的侧板盖上，上螺丝紧固，如图 4-16 所示。组装完后，将头罩固定柱分别安装到左右两边的侧板上。

注意：电机固定座两侧板的螺丝也是需要在完成马达皮带安装及调整好松紧度后拧紧。

图 4-16　机身组装步骤(8)

(9)将中型锁尾舵机装入任意一边侧板，然后将机身底板与脚架安装到机身下方，如图 4-17 所示。

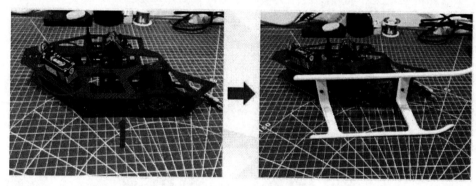

图 4-17　机身组装步骤(9)

(10)将红色的皮带轮中心座与塑料皮带轮组合起来，如图 4-18 所示，并用螺丝紧固，打上中强度螺丝胶，如图 4-18 所示。

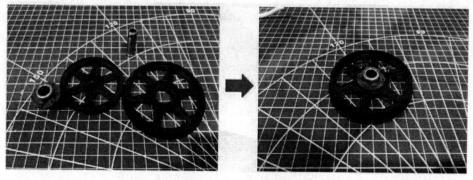

图 4-18　机身组装步骤(10)

(11)在单向轴承套筒表面涂上黄油后,从前面组合好的塑料皮带轮下方往上穿过,同时再到顶部放上尾皮带轮,如图 4-19 所示。

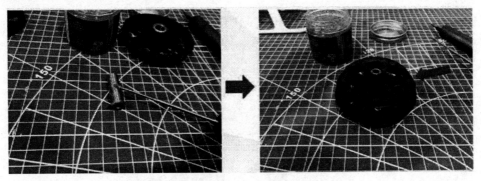

图 4-19 机身组装步骤(11)

(12)将较宽的动力传动皮带套到最下方的大齿盘上,另一边套到电机的皮带轮上。尾传动皮带套到上方的齿盘上,另一边则先穿过机身尾部最后,将主轴从机身上方向下插入十字盘舵机固定座和套好皮带的主轴皮带轮,如图 4-20 所示。

图 4-20 机身组装步骤(12)

(13)将较宽的动力传动皮带套到最下方的大齿盘上,另一边套到电机的皮带轮上。将尾传动皮带套到上方的齿盘上,另一边则穿过机身尾部,如图 4-21 所示。

图 4-21 机身组装步骤(13)

(14)在齿盘上方用螺丝将齿盘的单向轴承套筒与主轴锁死,确保没有任何间隙。然后再到主轴上方用主轴限位套给主轴进行限位,主轴往上拉紧的同时限位套往下压紧后拧螺丝,如图4-22所示,确保主轴无任何间隙,不会上下窜动。

图4-22 机身组装步骤(14)

(15)主轴限位无间隙后,就可以将电机固定座往外拉紧皮带,同时再将螺丝锁死即可,如图4-23所示。

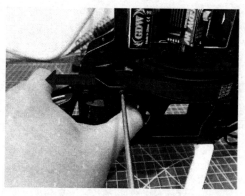

图4-23 机身组装步骤(15)

(16)将电调穿入电池固定座,并用扎带固定住电调,如图4-24所示。

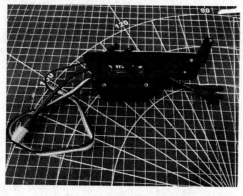

图4-24 机身组装步骤(16)

(17)电调三相线与电机连接后,再将电池固定座安装到机身上,如图 4-25 所示。

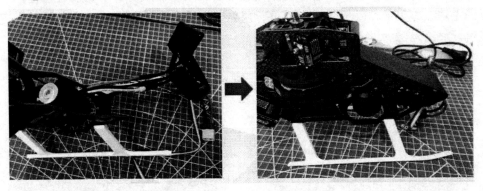

图 4-25　机身组装步骤(17)

知识点:无人直升机的传动方式

无人直升机的传动方式一般有以下两种。

(1)皮带传动。皮带传动是由主动轮、从动轮和张紧在两轮上的皮带所组成。由于张紧原因,便在皮带和皮带轮的接触面之间产生了压紧力,当主动轮旋转时,借摩擦力带动从动轮旋转,这样就把主动轴的动力传给从动轴。

特点:可用于两轴中心距离较大的传动。皮带具有弹性、可缓冲和冲击与振动,使传动平稳,噪声小;当过载时,皮带在轮上打滑,可防止其他零件损坏;结构简单、维护方便。由于皮带在工作中有滑动,故不能保持精确的传动比。

(2)蜗轮蜗杆传动。蜗轮蜗杆传动用于两轴交叉成 90°,但彼此既不平行又不相交的情况下。通常在蜗轮传动中,蜗杆是主动件,而蜗轮是被动件。

特点:结构紧凑;能获得很大的传动比,一般传动比为 7~80;传动功率范围大,可以自锁,但传动效率低。蜗轮常需用有色金属制造。

任务 2　无人直升机尾杆组装

> 本任务主要完成对无人直升机尾杆及尾旋翼的组装,主要包括压轮、尾管安装、尾波箱安装及尾旋翼系统安装。通过本次任务,学生熟悉无人直升机尾旋翼系统组成结构,掌握尾旋翼系统相关控制方式以及尾旋翼系统的作用。

项目四 基于X380无人直升机的组装与调试

任务实施

无人直升机尾杆的组装步骤如下：

(1)将插销插进压带轮后，放入尾管固定座，完成两组，如图4-26所示。

图4-26 尾杆组装步骤(1)

(2)将尾管放入其中一组尾管固定座中，然后再把4个内六角柱嵌到座子的4个孔中，最后盖上另外一边尾管固定座，如图4-27所示。

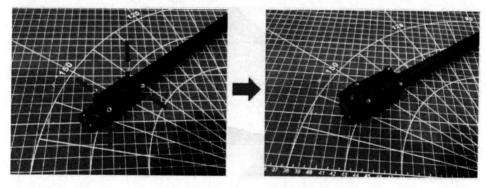

图4-27 尾杆组装步骤(2)

(3)将尾传动皮带穿入尾管后，将尾管固定座安装到机尾处，如图4-28所示。

注意：尾管固定座的螺丝无须拧紧，在调整好尾传动皮带后方可拧紧。

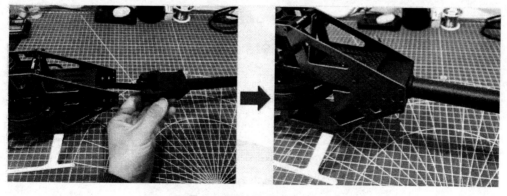

图4-28 尾杆组装步骤(3)

（4）尾波箱套入尾管后，先观察尾管内部的皮带有无缠卷现象，如图4-29所示，确保无缠卷皮带是顺直的就可以将尾传动皮带套到波箱的齿轮上，装上尾翼即可。

注意：皮带放入的方向决定了转动的方向，正确的旋转方向是主轴顺时针转动，同时带动尾轴逆时针转动。

图4-29　尾杆组装步骤(4)

（5）尾波箱套上尾传动皮带后，将尾管向外拉紧皮带，再拧紧尾管底座螺丝，如图4-30所示。用手指按压一下尾传动皮带，确保压带轮处的皮带是紧的。

图4-30　尾杆组装步骤(5)

（6）一般尾旋翼头和主旋翼头出厂都是假组好的，需要将两边旋翼头的锁止螺丝打上螺丝胶，如图4-31所示。

注意：由于尾旋翼转速较高，建议给螺丝打上高强度的螺丝胶。

图4-31　尾杆组装步骤(6)

(7)可以用一把螺丝刀代替尾轴,拧螺丝时方便受力,如图4-32所示。

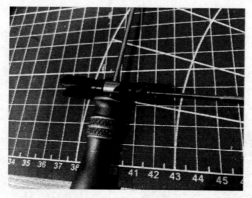

图 4-32　尾杆组装步骤(7)

(8)将出厂假组好的尾旋翼控制滑块组螺丝重新上胶后装入尾轴,然后用止泄螺丝打上中强度螺丝胶,将尾旋翼头锁死在尾轴上,如图4-33所示。

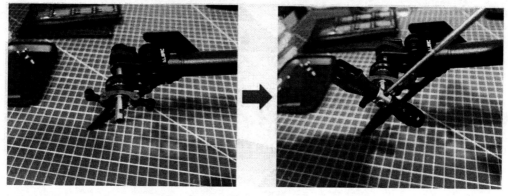

图 4-33　尾杆组装步骤(8)

(9)尾旋翼头安装完后,将控制滑块组的摆臂和旋翼头连接起来,如图4-34所示,同时确保摆臂摆动顺畅。

图 4-34　尾杆组装步骤(9)

(10)将球头、螺丝等零件安装到双推后,再将组好的双推安装到尾波向上,双推卡着滑块组即可,如图 4-35 所示。

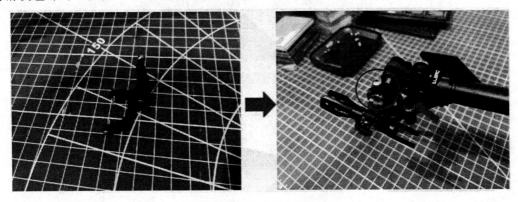

图 4-35 尾杆组装步骤(10)

(11)将球头扣用螺丝和碳杆连接,如图 4-36 所示,连接处需涂大量胶水,确保拉杆和球头扣不容易被拉脱。

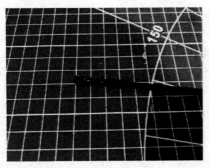

图 4-36 尾杆组装步骤(11)

知识点 1:尾旋翼系统的结构形式

尾桨结构与旋翼结构类似,典型的尾桨结构有"跷跷板"式、多叶万向接头式、多叶铰接式和无轴承式。

(1)"跷跷板"式尾桨。

"跷跷板"式尾桨有一个共享的中心水平铰和轴向铰,没有垂直铰。这种形式的尾桨既有铰接式的特点,又有无铰式的特点。"跷跷板"式尾桨的两片桨叶的离心力在桨毂轴套上相平衡,不传给挥舞铰,从而大大减轻了挥舞铰轴承的负担,可以选用较小的轴承。

同时,往往挥舞铰与轴向铰不垂直布置,这样可以避免变距铰轴承每转一次的周期变距运动,减少磨损,提高寿命。对于高性能的轻型无人直升机还可采用"双跷跷板"式尾桨，交错叠装在尾桨轴上的两套跷跷板式尾桨，可以提高尾桨推力或拉力，并适当减小桨尖速度，降低噪声水平。

"跷跷板"式尾桨桨毂构造简单、紧凑、质量轻，通常用于轻型无人直升机的尾桨设计。

(2)多叶万向接头式尾桨。

多叶万向接头式尾桨桨毂从中心向外的连接关系：万向轴内有套齿与尾减速器输出轴套齿啮合，万向轴外一对轴颈与万向铰壳铰接，万向铰壳体通过另一对轴颈与桨毂壳体铰接，两对轴颈的轴线互相垂直。桨毂壳体上有轴向铰，轴向铰外连接桨叶。

(3)多叶铰接式尾桨。

3叶及3叶以上的无人直升机尾桨多采用无摆振铰式结构，也称半铰接式。该结构的特点是构造复杂，轴承数目多且工作条件恶劣，旋转面受力严重。

(4)无轴承式尾桨。

相比于半铰式尾桨，无轴式尾桨取消了挥舞铰和变距铰，使结构变得简单，提升了尾桨的使用寿命和可靠性。桨叶的变距依靠复合材料的大梁扭转变形实现。

知识点2：尾旋翼系统的作用

大多数单主旋翼无人直升机需要一个单独的尾桨系统来克服主旋翼旋转产生的扭矩。此外，尾桨还能起到稳定和控制航向的作用。

任务3 无人直升机主旋翼系统组装

任务描述

主旋翼系统组装主要包括十字盘组装、旋翼头组装、相位臂安装及舵机摇臂安装。通过本次任务的学习，学生熟悉无人直升机主旋翼系统结构组成，掌握无人直升机主旋翼系统铰链的形式及其特点。

任务实施

无人直升机主旋翼的组装步骤如下：

(1)十字盘出厂为假组，需要将所有球头拆下，重新打上高强度螺丝胶，如图4-37所示。

图 4-37 主旋翼系统组装步骤(1)

(2)组装 3 组舵机拉杆,并将拉杆扣到十字盘的三点球头上,如图 4-38 所示。

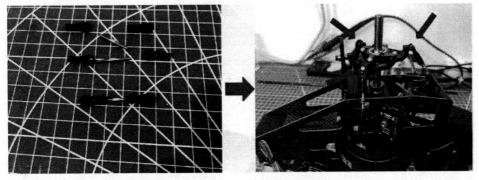

图 4-38 主旋翼系统组装步骤(2)

(3)主旋翼头的处理方式与尾旋翼头类似,需要将旋翼头两边的锁止螺丝打上中强度的螺丝胶,如图 4-39 所示。

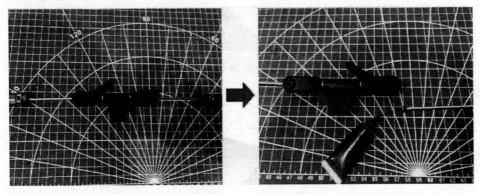

图 4-39 主旋翼系统组装步骤(3)

(4)完成两组相位臂安装后,将其固定在主旋翼头的两边,保证摆臂摆动顺畅,打上中强度螺丝胶;旋翼头上安装球头,并打上高强度螺丝胶,如图 4-40 所示。

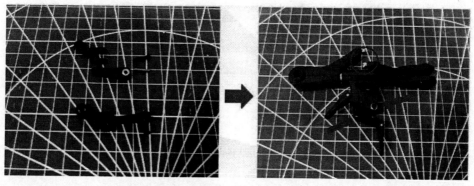

图 4-40 主旋翼系统组装步骤(4)

(5)完成主旋翼头的组装后,将旋翼头安装到主轴上,并用螺丝锁紧,确保旋翼头与主轴无间隙,如图 4-41 所示。

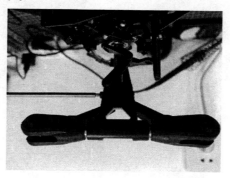

图 4-41 主旋翼系统组装步骤(5)

(6)完成两组相变距拉杆后,将两边的拉杆上一端扣入旋翼头的球头上,另一端扣入十字盘的四点球头上,相位臂也同样扣入十字盘的四点球头上,如图 4-42 所示。

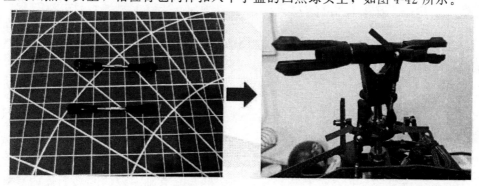

图 4-42 主旋翼系统组装步骤(6)

(7)将十字盘舵机、锁尾舵机的摆臂装上球头,打上高强度螺丝胶。所有摇臂均垂直于舵机安装,如图 4-43 所示。

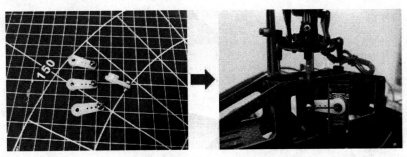

图 4-43 主旋翼系统组装步骤(7)

(8)锁尾舵机垂直于机身安装,并用尾拉杆扣入摇臂的球头和尾双推的球头,如图 4-44 所示。

图 4-44 主旋翼系统组装步骤(8)

任务学习

知识点 1:主旋翼系统的结构形式

无人直升机旋翼由旋翼轴、桨毂和桨叶构成。桨叶与桨毂的不同连接方式,造就了旋翼的不同结构。

(1)铰接式旋翼。

铰接式旋翼是早期无人直升机常见的一种结构形式,桨毂有水平铰、垂直铰和轴向铰。桨叶绕桨毂的3个铰分别进行挥舞运动、摆振运动和变距运动。

(2)无铰式旋翼。

无铰式旋翼是指没有摆振铰和挥舞铰,是桨叶与只有轴向铰的桨毂相连的旋翼。目前这种形式的旋翼有两种:一种是旋翼桨毂,为挥舞半刚性的,桨叶的挥舞是通过桨毂部件的弹性变形来实现的;另一种是旋翼桨毂,为挥舞刚性的,桨叶的挥舞是通过桨叶根部的弯曲变形来实现的。

(3)万向接头式旋翼。

万向接头式旋翼的各片桨叶通过各自的轴向铰和桨毂壳体连接,桨毂壳体通过万向接头和旋翼轴连接,因此桨叶没有单独的水平铰,其挥舞运动只能通过万向接头来实现。

(4)星形柔性桨毂式旋翼。

星形柔性桨毂式桨翼是法国宇航公司研制的一种新型复合材料桨毂形式,在SA365海豚系列和AS350小松鼠系列直升机上成功使用。星形柔性桨毂式旋翼主要由中央星形件、球面弹性轴承、黏弹性阻尼器、夹板和自润滑关节轴承等构成。利用弹性轴承代替3个铰,并由层压弹性和复合材料的星形板实现桨叶的挥舞、摆振与变距。

知识点2:主旋翼系统的作用

主旋翼系统的主要作用是产生拉力,拉力的一部分用于平衡无人直升机的重力,起到升力作用;另一部分则为无人直升机的运动提供动力。无人直升机上可以有一个或两个旋翼。对于通常的双旋翼系统,旋翼的旋转方向是相反的,以抵消彼此的转矩,从而保持整体稳定,消除旋转的趋势。

任务4 无人直升机电子陀螺仪组装

任务描述

本任务主要完成无人直升机电子陀螺仪安装、电池座安装及电路连接。通过本任务的学习,学生熟悉无人直升机陀螺仪作用,掌握陀螺仪调试、副翼形式及其特点。

任务实施

无人直升机电子陀螺仪的组装步骤如下:

(1)陀螺仪背面贴上3M胶后,对齐粘贴到碳纤维陀螺仪固定板上即可,如图4-45所示。

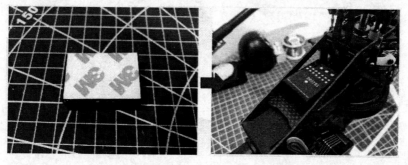

图4-45 电子陀螺仪组装步骤(1)

(2)直接在电池底座上粘贴刺面的魔术贴(电池粘贴毛面),需两条捆绑扎带穿入电池底座下,方便固定、拆卸电池,如图4-46所示。

图 4-46 电子陀螺仪组装步骤(2)

(3)用尼龙扎带将电调、舵机的信号线进行合理布线、整理,避免信号线与机械部位以及传动部位发生摩擦接触等,将其牢牢固定在机身上,如图4-47所示。

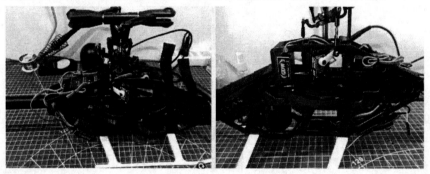

图 4-47 电子陀螺仪组装步骤(3)

(4)电子副翼接线(以MB野兽无副翼系统为例)不同类型的十字盘,其连接方式也不同。以X380无人直升机为例,采用的是120°十字盘,如图4-48所示。

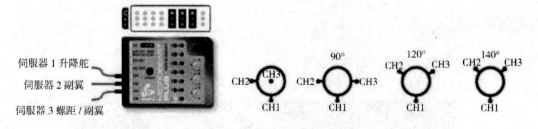

图 4-48 电子陀螺仪组装步骤(4)

任务学习

知识点1:无人直升机飞行控制原理

主旋翼分为有副翼(小翼)和无副翼(小翼)两种。有副翼一般只有两片主旋翼,并且与副翼展向相互垂直；无副翼可有两片以上主旋翼。主旋翼与变距壳体（俗称桨夹）相连。提升总距，倾斜盘带动所有桨叶角变大，升力变大；降低总距，倾斜盘带动所有桨叶角变小，升力变小。前推周期杆，倾斜盘向前倾斜，使向前行（向前方运行）桨叶角变小，向下挥舞，后行桨叶角变大向上挥舞，从而使整个旋翼旋转面向前倾斜，旋翼升力产生向前的分力带动无人直升机向前飞行。向左向右和向后飞行的原理相同。

知识点 2：在无人直升机飞行控制过程中电子陀螺仪的作用

1. 倾斜盘

倾斜盘分为动盘和静盘。动盘通过变距拉杆和主旋翼变距摇臂相连，并且与主旋翼同步旋转。静盘通过操纵连杆与舵机（伺服器）相连，它们不随主旋翼旋转。倾斜盘通过球形轴承套在主轴上来实现水平方向和垂直方向转动。

2. 副翼（小翼）的作用和工作原理

副翼本身属于操纵系统和稳定系统，而非升力系统，有些无人直升机用平衡锤代替小翼（如贝尔直升机）。副翼高速旋转产生陀螺稳定效应，从而保持旋翼旋转方向的稳定。有副翼无人直升机倾斜盘动盘上共有 4 个操纵连接点，其中两个对称点连杆摇臂通过副翼系统作为支撑点操纵桨叶角，另外两个点直接操纵副翼改变副翼旋转面方向（即操纵方向），副翼旋转面的稳定力矩通过支撑点反馈到主旋翼，从而实现主旋翼的稳定作用。由于副翼系统和主旋翼之间连接比较复杂，只有实际调试精度要求很高，才能保证整个旋翼系统的稳定，并且配件较多，维护相对麻烦。电子稳定系统的出现，使无副翼系统逐渐替代有副翼系统。

任务 5　无人直升机旋翼组装

任务描述

旋翼安装是无人直升机安装的最后一步，主要包括配平与组装。通过本任务的学习，学生熟悉旋翼配平方法。

任务实施

无人直升机旋翼配平及组装步骤如下：

（1）一般的主旋翼两片旋翼的质量都不平衡，如果没有配平，在高速旋转的情况下容易产生巨大的振动，影响机体结构及陀螺仪的精度。为了减小振动，需要对两片旋翼进行配平，如图 4-49 所示。

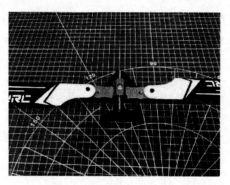

图 4-49　旋翼组装步骤(1)

(2)旋翼配平需要用到桨叶配平器,其原理及结构与跷跷板天平类似。将两片主旋翼安装到配平器上,如图 4-50 所示,如果水平仪两边水平,则无须操作,直接装上旋翼头即可;反之,在两边不水平的情况下,在较轻的一边旋翼上贴上配重贴纸,直至两边旋翼水平。

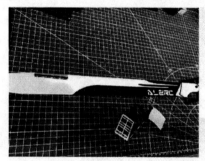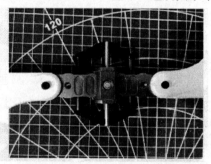

图 4-50　旋翼组装步骤(2)

(3)将配平好的主旋翼和尾旋翼安装到旋翼头上,如图 4-51 所示。

图 4-51　旋翼组装步骤(3)

(4)套上头罩,组装完成,如图 4-52 所示。

项目四 基于X380无人直升机的组装与调试

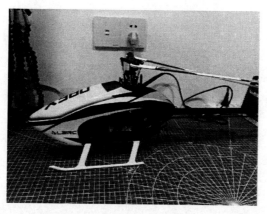

图4-52 旋翼组装步骤(4)

知识点：旋翼配平方法

无人直升机旋翼的工作转速范围为2 000～5 000 r/min，对动平衡要求高。而静平衡是动平衡的基础条件。假如螺旋桨的两个桨叶从材料的质量到桨叶角、外形完全相同，实现动力平衡应顺理成章。但是，这一基础条件并非轻易能具备。我们能做到的是尽量使两个桨叶任意一处的剖面相互对称，尽力实现静平衡。

旋翼静平衡程度如何，可通过旋翼平衡检查架检查。理想的静平衡状态是：旋翼处于任何角度均能自行静止；如果某一桨叶静止时的位置总是"下沉"，即应找出这个桨叶与另一桨叶的差异，并且进行修正、再试，直到合格。

课后习题

1. 无人直升机主旋翼有哪些铰链形式？各有什么特点？
2. 简述无人直升机飞行控制原理。
3. 无人直升机尾旋翼有什么作用？
4. 无人直升机传动系统有哪些传动方式？各有什么特点？
5. 无人直升机倾斜盘的作用是什么？

项目五　固定翼无人机的组装与调试

项目简介

固定翼无人机依靠机翼产生升力,由动力装置提供推进力,使其在大气层内飞行。这种无人机与无人直升机和旋翼机等不同,后者的机翼位置和后掠角可以调整,以适应不同的飞行条件。固定翼无人机广泛应用于测绘、地质、石油、农林等领域。

由于固定翼无人机机型及尺寸差异较大,所以其组装内容及要求差异较大。本项目主要包括:认识固定翼无人机,固定翼无人机机身系统的组装,固定翼无人机动力系统的组装,固定翼无人机软件内部参数的调整,固定翼无人机硬件调试与试飞。通过本任务的学习,学生掌握固定翼无人机的基本结构,固定翼无人机的机身系统、动力系统的组装方法,以及固定翼无人机软件内部参数的调整方法,并学会固定翼无人机硬件调试与试飞等相关操作技能。

项目准备

(1)Pix 飞控(图 5-1)。

图 5-1　Pix 飞控

(2)舵机(图 5-2)。

  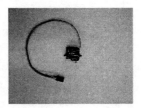

图 5-2　舵机

(3)固定翼无人机机身及其他必须硬件组成。
(4)动力系统。
(5)组装固定翼所需工具(图 5-3)。

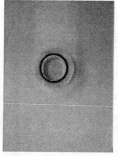

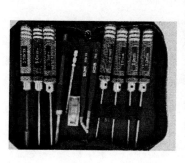

图 5-3　组装固定翼所需工具

(6)遥控器(图 5-4)。

图 5-4　遥控器

(7)地面站。

任务1 认识固定翼无人机

任务描述

固定翼无人机是一类机翼外端后掠角可随速度自动或手动调整的机翼固定的无人机。因其优良的功能、模块化集成，现已广泛应用在测绘、地质、石油、农林等领域，具有广阔的市场应用远景。通过本任务的学习，学生掌握固定翼无人机的组成和特点，并能通过实物和图片分辨常见的固定翼无人机的硬件组成。

任务实施

（1）固定翼无人机结构不同于旋翼类无人机，首先要掌握固定翼无人机的基本结构。

（2）掌握固定翼无人机升力产生原理。

（3）它的尺寸近似有人机的固定翼无人机，构造复杂、零件数量多，装配步骤有严格规定，装配精度要求高。

固定翼无人机的组装主要由机身系统组装、动力系统组装、飞控系统组装、电气系统组装及机载设备组装组成。本任务主要对固定翼无人机的机身系统组装和动力系统组装进行介绍，飞控系统、电气系统及机载设备的组装准则参见多旋翼无人机的组装调试，二者组装方法及调整原则基本相同，这里不再赘述。

一般固定翼无人机产品组装步骤由其生产单位确定。在不影响飞行性能的前提下，部分组装顺序可适当调整，并且不同的固定翼无人机产品，其组装步骤可能会要求两个或两个以上的系统并行组装。一般的组装步骤为：机身系统组装→动力系统组装→飞控系统组装→电气系统组装→机载设备组装。

任务学习

知识点1：固定翼无人机的组成

固定翼无人机主要由机翼、机身、尾翼、起落装置和动力装置5部分组成。固定翼无人机的基本结构如图5-5所示。

项目五　固定翼无人机的组装与调试

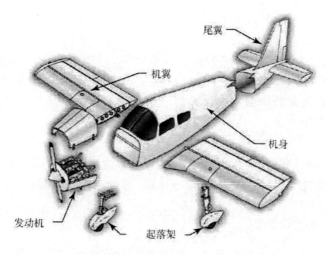

图 5-5　固定翼无人机的基本结构

1. 机翼

机翼的主要功能是产生飞行所需要的升力。固定翼无人机机翼一般安装有襟翼和副翼，其位置在机翼后缘活动面上。靠近机身一侧的为襟翼，放下襟翼时机翼产生的升力会增大，常用于起飞和着陆阶段。靠近翼尖一侧的为副翼，操纵副翼可控制无人机进行滚转运动。机翼上可安装油箱、武器、起落架等附加设备。

机翼的基本组成结构有翼梁、纵墙、桁条、翼肋和蒙皮等，如图 5-6 所示。

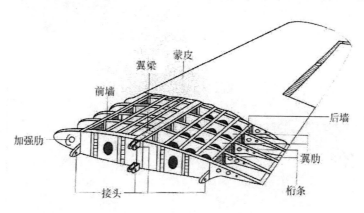

图 5-6　机翼的基本结构

（1）纵向骨架。

纵向骨架指沿着翼展方向布置的构件，主要包括翼梁、纵墙和桁条。翼梁作为机翼的基本组成结构，主要功能是承受力的作用，包括弯矩和剪力。纵墙与翼梁构造相似，但与翼梁相比，其缘条要细得多，多布置在靠近机翼前后缘处，与蒙皮形成封闭的合段，以承受扭矩，与机身连接方式为铰接。桁条用铝合金挤压或板材弯制而成，与翼肋相连并且铆接在蒙皮内表面，支撑蒙皮以提高其承载能力，以更好地承受机翼的扭矩和弯矩，

149

并与蒙皮共同将空气动力载荷传给翼肋。

(2)横向骨架。

横向骨架指垂直于翼展方向的构件,主要是指翼肋,一般包括普通翼肋和加强翼肋。普通翼肋的作用是将纵向骨架和蒙皮连成一体,把由蒙皮和桁条传来的空气动力载荷传递给翼梁,并保持翼剖面的形状。加强翼肋除了具有普通翼肋的功能外,还有承受和传递较大集中载荷的作用。

(3)蒙皮。

蒙皮主要用于承受局部空气动力和形成机翼外形。现代高速无人机的蒙皮多是用硬铝板材制成的金属蒙皮,通过铆接的形式与骨架(翼梁、桁条、翼肋)连成一个整体,承受气动载荷。

2. 机身

机身的主要功能是装载燃料和设备,同时作为固定翼无人机安装基础,将机翼、尾翼、起落装置等连成一个整体。机身的结构由外部的蒙皮、纵向骨架的桁条、桁梁和横向骨架(普通隔框和加强隔框)组成,如图5-7所示。

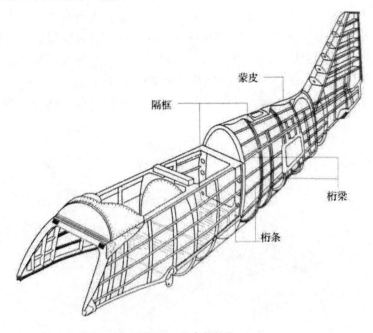

图 5-7 机身的结构

(1)蒙皮。

机身蒙皮和机翼蒙皮的作用相同。蒙皮和横纵骨架用不同方式组合可以形成不同构造形式的机身,如横梁式机身、桁条式机身、硬壳式机身、整体式机身和夹层式机身等。

(2)纵向骨架。

桁条和梁是纵向骨架的组成部分。机身的桁条和桁梁与机翼的桁条和桁梁作用相似。

(3)横向骨架。

横向骨架是由许多隔框组成的。隔框有两种:一种是普通隔框,呈环形结构,剖面尺寸较小，用以维持机身外形和加强蒙皮；另一种是加强隔框，外形种类较多，除用以维持机身外形和加强蒙皮外，还需要承受其他力，如机翼、发动机等通过接头传递过来的集中力。

3. 尾翼

尾翼的主要功能是稳定和控制固定翼无人机完成俯仰及偏转操作。尾翼由水平尾翼和垂直尾翼两部分组成。水平尾翼水平安装在机身尾部，由固定的水平安定面及其后可转动的升降舵组成；垂直尾翼垂直安装在机身尾部，由固定的垂直安定面及其后可转动的方向舵组成。尾翼的结构如图 5-8 所示。

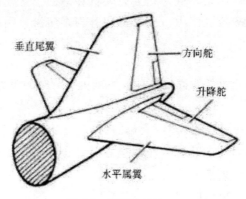

图 5-8　尾翼的结构

4. 起落装置

起落装置的主要功能是支撑无人机在地面上的活动，包括起飞滑跑、着陆滑行及停放。无人机的起落架一般由支柱、减振器、机轮和收放机构 4 部分组成。支柱式起落架结构如图 5-9 所示。

图 5-9　支柱式起落架结构

(1)支柱。

支柱主要起支撑作用，是机轮的安装基础。为了减轻质量，常将减振器与机轮合为一体组成减振支柱。

(2)减振器。

减振器的主要作用是吸收着陆和滑跑时的撞击能量。无人机在接地瞬间或在不平的跑道上进行高速滑跑时会与地面发生剧烈的撞击，除充气轮胎可起小部分缓冲作用外，大部分撞击能量要靠减振器吸收。

(3)机轮。

机轮与地面接触，支持无人机，减少无人机在地面上运动时的阻力，可以吸收一部分撞击能量，具有一定的减振作用。机轮上装有刹车装置，因此固定翼无人机在地面上具有良好的机动性。

(4)收放机构。

收放机构用于收放起落架及固定支柱，可减少飞行时的阻力。

5. 动力装置

动力装置的主要功能是产生拉力(螺旋桨式)或推力(喷气式)，使无人机产生相对空气的运动。无人机使用的动力装置主要有活塞式发动机、涡喷发动机、涡扇发动机、涡桨发动机、冲压发动机、火箭发动机、电机等。目前主流的民用无人机所采用的动力系统通常为活塞式发动机和电机两种。

(1)活塞式发动机。

活塞式发动机也称往复式发动机，由气缸、活塞、连杆、曲轴、气门机构、螺旋桨减速器、机匣等组成。活塞式发动机属于内燃机，它通过燃料在气缸内燃烧，将热能转化为机械能。活塞式发动机系统一般由发动机本体、进气系统、增压器、点火系统、燃油系统、启动系统、润滑系统及排气系统构成。活塞式发动机示意图如图5-10所示。

图5-10 活塞式发动机示意图

项目五　固定翼无人机的组装与调试

（2）电动动力系统。

目前微型无人机中普遍使用的是电动动力系统。电动动力系统主要由动力电机、动力电源、调速系统3部分组成。

微型无人机中普遍使用的动力电机可分为两类：有刷电机、无刷电机，其中有刷电机效率较低，在无人机领域已不再使用。

电机的型号主要以尺寸为依据。例如，2212外转子无刷电机是指其定子线圈的直径是22 mm，不包括轴线电子线圈的长度是12 mm。电机的技术指标很多，与无人机动力特性最相关的是转速，转速一般用KV来表示，所谓KV是指每伏特（V）能达到的每分钟转速。比如使用KV984电机，11.1 V电池，电机转速应为$980 \times 11.1 = 10\,780 (r/min)$，即每分钟转10 780 r。2212外转子无刷电机（KV980）示意图如图5-11所示。

图5-11　2212外转子无刷电机（KV980）示意图

知识点2：固定翼无人机的气动特点

1. 机翼翼型

翼型也称翼剖面指机翼横截面的轮廓，是沿平行于无人机对称平面的平面切割机翼所得到的剖面，如图5-12所示。

图5-12　翼型

翼型对无人机性能的影响很大，选用能满足结构、强度等要求的翼型非常重要。翼型各部分的名称如图5-13所示。一般翼型前端圆钝，后端尖锐，下表面较平，呈鱼侧形，前端点称为前缘，后端点称为后缘，两端点之间的连线称为翼弦。

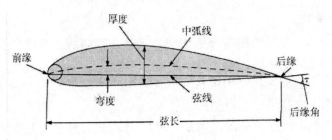

图 5-13 翼型各部分的名称

机翼按基本平面形状可分为矩形翼、椭圆翼、梯形翼、后掠翼、三角翼等。不同平面形状的机翼的升力、阻力有所差异,这与机翼平面形状的各种参数有关。机翼平面形状的几何参数主要有机翼面积、翼展、展弦比和后掠角等,如图 5-14 所示。

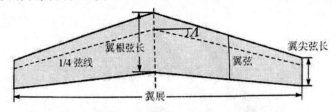

图 5-14 机翼平面形状的几何参数

(1)机翼面积:机翼在机翼基本平面上投影的面积,用 S 表示。

(2)翼展:在机翼之外刚好与机翼轮廓线接触,且平行于机翼对称面(通常是无人机参考面)的两个平面之间的距离,用 L 表示。

(3)展弦比:机翼翼展的平方与机翼面积之比,或者机翼翼展与机翼平均几何弦长(机翼面积 S 除以翼展 L)之比,即 S/L。

(4)后掠角:翼面特征线与参考轴线相对位置的夹角,用 χ 表示。通常 χ_0 表示前缘后掠角,$\chi_{0.25}$ 表示 1/4 弦线后掠角,$\chi_{1.0}$ 表示后缘后掠角。后掠角既表示机翼各剖面在纵向的相对位置,也表示机翼向后倾斜的程度,后掠角为负时表示翼面有前掠角。

2. 升力的产生及公式

(1)升力的产生。

翼弦线与相对气流速度之间的夹角称为迎角,如图 5-15 所示。迎角不同,相对气流流过机翼产生的空气动力就不同,所以迎角是无人机在飞行中产生空气动力的重要参数。迎角有正负之分,相对气流方向与翼弦平面下表面的夹角为正迎角;相对气流方向与翼弦平面上表面的夹角为负迎角。

图 5-15 迎角

假设翼型有一个不大的迎角,当气流流到翼型的前缘时,气流分为上下两股分别流经翼型的上下翼面。由于翼型的作用,当气流流过上翼面时流动通道变窄,气流速度增大;当气流流过下翼面时,翼型前端上仰气流受到阻拦,流动通道扩大,气流速度减小。

根据连续性定理和伯努利定理可知,在翼型的上表面,因流动通道变窄,即流动通道截面积减小,气流速度大,故压强减小;在翼型的下表面,因流动通道变化不大,故压强基本不变。因此,翼型上下表面产生压强差,形成了总空气动力 R,R 的方向向后上方、总空气动力 R 与翼弦的交点称为压力中心。根据总空气动力的实际作用,可把总空气动力分成两个分力,一个力与气流方向垂直,起支托无人机的作用,即升力 Y;另一个力与气流方向平行,起阻碍无人机前进的作用,即阻力 D。

(2)升力的公式。

升力的公式是分析飞行问题和进行飞行性能计算最重要、最基本的公式。经过理论和实验证明,可得出升力公式为

$$Y = \frac{1}{2} C_y \rho v^2 S$$

式中,Y 为升力(N);C_y 为升力系数;ρ 为空气密度(kg/m³);v 为相对气流速度(m/s);S 为机翼面积(m²)。

由升力公式可知,升力的大小与机翼面积、相对气流速度、空气密度及升力系数有关,其中升力系数与迎角和翼型有关。

3. 阻力的产生及影响因素

物体只要同空气有相对运动,就会有空气阻力作用在物体上。无人机在飞行时,不仅机翼会产生阻力,其他部件如机身、尾翼、起落架等也会产生阻力,机翼阻力只是无人机飞行阻力的一部分。

飞行阻力按其产生原因不同,可分为摩擦阻力、压差阻力、诱导阻力和干扰阻力。

(1)摩擦阻力。

摩擦阻力是由于空气具有黏性而产生的。当气流以一定速度流过无人机表面时,由于空气具有黏性,空气微团与无人机表面发生摩擦,阻滞了气流的流动,因此产生了摩擦阻力。摩擦阻力的大小,取决于空气的黏性、无人机表面的状况、附面层中气流的流动情况和无人机同气流接触的表面积的大小。空气的黏性越大,无人机表面越粗糙,无人机的表面积越大,摩擦阻力越大。为了降低摩擦阻力,可以减少无人机同空气的接触面积,也可以把无人机表面做得光滑些,还可以选择升阻比大的翼型,减小相对气流速度。

(2)压差阻力。

压差阻力是由运动中的物体前后所形成的压强差形成的。压差阻力的大小同无人机的迎风面积、形状以及无人机在气流中的位置有关。

(3) 诱导阻力。

诱导阻力是伴随着升力而产生的，也称升致阻力，如果没有升力，则诱导阻力为零。诱导阻力与机翼的平面形状、翼型、展弦比等有关，可以通过增大展弦比、选择适当的平面形状（如椭圆形机翼的平面形状）、增加翼梢小翼等来减小诱导阻力。在相同条件下，椭圆形机翼的诱导阻力最小，矩形机翼的诱导阻力最大。

(4) 干扰阻力。

干扰阻力是无人机各部件之间因气流相互干扰而产生的阻力。无人机的各个部件如机翼、机身、尾翼等，单独放在气流中所产生的阻力的总和并不等于把它们组成一架无人机放在气流中所产生的阻力，往往前者小于后者，多出来的部分就是干扰阻力。为了减少干扰阻力，在设计中，应妥善考虑和安排各部件的相对位置，同时加装整流罩，连接过渡圆滑，减小旋涡的产生。

4. 拉力

对于固定翼无人机来说，除少数大型高速无人机采用目前还不普遍的喷气发动机外，大部分中小型民用固定翼无人机都是依靠螺旋桨产生拉力/推力的。螺旋桨的好坏直接影响无人机飞行性能甚至安全。

(1) 螺旋桨。

螺旋桨是靠桨叶在空气或水中旋转，将发动机转动功率转化为推进力的装置。螺旋桨是电动固定翼无人机和油动固定翼无人机常用的动力装置。螺旋桨的好坏直接影响拉力大小，而拉力又关系到无人机的飞行性能。

螺旋桨各部分的名称与翼型各部分名称有很多相似的地方。桨叶也有前缘和后缘，桨叶的剖面形状和机翼剖面形状差不多。

无人机飞行时，螺旋桨边旋转产生拉力边前进，所以它的工作情况要比机翼复杂得多。

(2) 螺旋桨的工作原理。

螺旋桨的工作原理如图 5-16 所示。空气以一定的迎角流向桨叶时，流过桨叶前桨面，类似于流过机翼上表面，流动通道变窄，流速加快，压强降低；空气流过桨叶后桨面，类似于流过机翼下表面，流动通道变宽，流速减慢，压强升高。因此，在桨叶的前后桨面和前后缘形成压力差，加之气流作用于桨叶上的摩擦阻力，构成了桨叶上的总空气动力 R。根据总空气动力 R 对螺旋桨运动起的作用，可将它分解成两个分力：一个是与桨毂平行，拉着螺旋桨和无人机前进的拉力 P；另一个是与桨毂垂直，阻碍螺旋桨旋转的旋转阻力 Q。

项目五　固定翼无人机的组装与调试

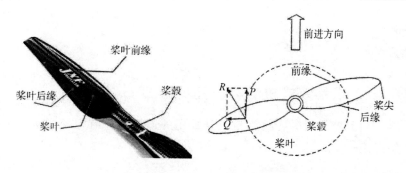

图 5-16　螺旋桨的工作原理

影响螺旋桨的拉力和旋转阻力的因素与影响机翼的升力和阻力的因素类似，主要有桨叶迎角、桨叶切面合速度、空气密度、螺旋桨直径、桨叶数量、桨叶切面形状及维护使用情况等。

(3) 螺旋桨的副作用。

螺旋桨在产生拉力为无人机提供前进动力的同时，会产生一些对无人机飞行不利的副作用，主要有螺旋桨的进动、反作用力矩和滑流扭转作用等。

任务 2　固定翼无人机机身系统组装

固定翼无人机机身系统通常包括机翼、机身、尾翼和起落架等，控制舵面通常包括副翼、升降舵和方向舵等。其组装过程主要包括机翼与机身的连接、尾翼与机身的连接、起落架与机身的连接。各部分之间的对接原则、对接接头的位置和数量取决于机翼的结构受力形式及机翼的尺寸。通过本任务的学习，学生掌握固定翼无人机机翼与机身的连接方式和机身系统的组装要点，并能根据要求完成固定翼无人机机身系统的组装。

(1) 机身结构安装。
(2) 舵机安装。
安装具体步骤及注意事项详见任务学习。

知识点 1：固定翼无人机机翼与机身的连接方式

中型及以下固定翼无人机的机翼与机身常用的连接形式有螺栓连接、卡口连接、橡皮筋捆绑、粘胶连接等。

1. 螺栓连接

螺栓连接是无人机组装中最常用的一种连接方式，其优点是装拆方便，利于检修，可以增加预紧力防止松动，不会引起连接处材料成分相变。

螺栓连接主要应用于机翼与机身的连接、尾翼与机身的连接、起落架与机身的连接，并且经常与其他连接方式配合使用。

机翼与机身可采用直接螺栓连接，如图 5-17 所示；也可采用插销连接加螺栓连接，如图 5-18 所示。插接结构适合尺寸较大的固定翼无人机，在机身与机翼之间插入一根销，插销方式弦向阻力小，但结构质量稍大。机翼插接结构刚性较好，通过螺栓固定机翼与机身的连接可进一步增加强度。

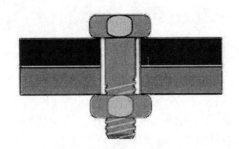
图 5-17 螺栓连接

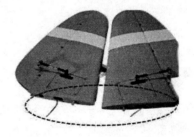
图 5-18 螺栓插销连接

2. 卡口连接

卡口连接用于一个零件与另一个零件的嵌入连接或整体闭锁的连接结构，通常用于塑料件连接，连接材料通常由具有一定柔韧性的塑料材料构成。

卡口连接最大的特点是安装拆卸方便，可以做到免工具拆卸。一般情况下，卡口连接需要与其他连接方式配合使用，连接较稳定，如图 5-19 所示。在安装卡口时，飞手主要通过手感及声音来判断其安装是否到位，因此，应在充分了解结构后，再进行安装。

图 5-19 卡口连接

项目五　固定翼无人机的组装与调试

3. 橡皮筋捆绑

橡皮筋捆绑是指用橡皮筋采用捆绑方式将机翼与机身连接并固定在一起，如图 5-20 所示。橡皮筋捆绑连接常应用在轻微型无人机上，组装简便、拆装容易、质量轻是其主要特点，但是此连接结构在无人机飞行过程中易损坏，一旦损坏必须更换，无法修复。

图 5-20　橡皮筋捆绑方式

4. 粘胶连接

粘胶连接是指直接用合适的粘胶将无人机的相关部件粘接在一起的连接形式。该连接形式操作比较方便，价格也相对便宜，但用此种方法连接的无人机稳定性差、易损坏，受温度影响较大。

知识点 2：固定翼无人机机身系统的组装

1. 机体结构组装

以 J20 航模固定翼为例，其材质为魔术板。魔术板航模以其独特的魅力吸引着众多航模爱好者。它采用轻质魔术板材料，既轻便又耐用，适合各种飞行场景。魔术板航模设计精巧，飞行稳定，操控灵活，无论是初学者还是资深飞手，都能轻松驾驭。其优雅的飞行姿态和丰富的动作变化，让人仿佛置身于魔术般的世界。无论是进行飞行表演、科学探索还是休闲娱乐，魔术板航模都能带来非凡的体验。它的出现，不仅丰富了航模的种类，也为飞行爱好者带来了更多的选择和乐趣。J20 航模魔术板如图 5-21 所示。

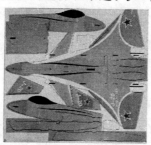

图 5-21　J20 航模魔术板

(1) 机头组装。

首先需要将航模魔术板的各个部件裁剪下来，如图 5-22 所示。

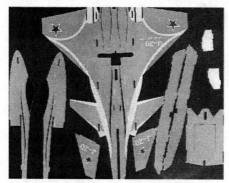

图 5-22　剪裁完成的魔术板

使用热熔胶将机头拼接，如图 5-23 所示。

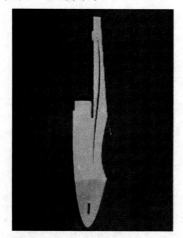

图 5-23　组装机头

(2) 安装机身。

使用热熔胶将机身和机头连接，如图 5-24 所示。

图 5-24　机头与机身连接

(3)安装副翼。

使用壁纸刀将航模副翼切割下来,如图 5-25 所示。

图 5-25　切割副翼

将副翼内侧以 45°左右进行切削,如图 5-26 所示。

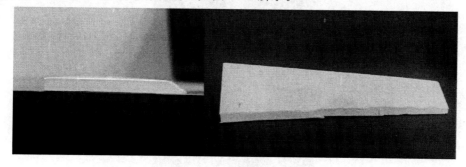

图 5-26　切割副翼内侧

使用纤维胶带将切割完成的副翼连接到机身上,如图 5-27 所示。

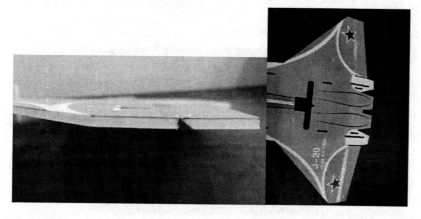

图 5-27　将副翼连接到机身上

(4)安装侧板。

将航模侧板安装到机身上,如图 5-28 所示。

图 5-28 安装侧板

(5)安装电机座。

将电机座魔术板配件粘贴完成,如图 5-29 所示。

图 5-29 粘贴电机座配件

将电机座安装完成,如图 5-30 所示。

图 5-30 安装电机座

(6)安装碳杆。

为加固机身强度,需在机翼下方安装碳杆,如图 5-31 所示。

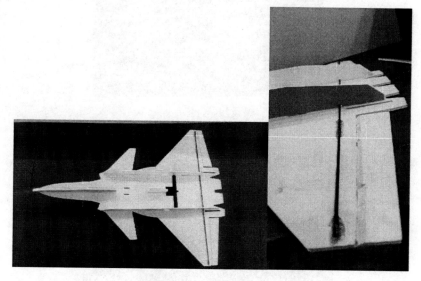

图 5-31 安装碳杆

(7)安装底板。

为了方便开合,将底板进行处理,刻出凹槽,如图 5-32 所示。

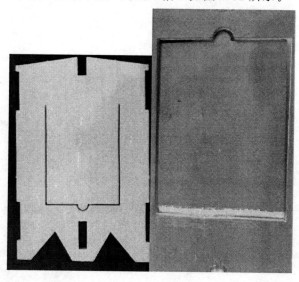

图 5-32 底板处理

将底板安装在侧板上,用热熔胶固定,如图 5-33 所示。

图 5-33 底板安装

(8) 安装尾翼。

将尾翼安装到机身上，如图 5-34 所示。

图 5-34 尾翼安装

以上步骤完成后 J20 航模的机体部分已安装完成。

2. 舵机安装

(1) 舵机的组成。

舵机也称伺服电机，最早用于实现各类航模的转向功能。由于可以通过程序连续控制其转角，因此被广泛应用于各类机电一体化产品中。在固定翼无人机中，无人机的飞行姿态是通过调节发动机和各个控制舵面来实现的。

舵机是一个根据遥控信号来决定摇臂偏转角度的器件，通过摇臂上连接的钢丝，控制翼面的偏转角度，进而完成飞行姿态的调整。舵机主要由舵盘、减速齿轮组、电位器、直流电机和控制电路等组成，如图 5-35 所示。

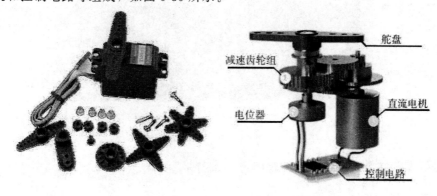

图 5-35 舵机的组成

舵机的输入线(图5-36)共有3根，一般红色的是电源线，黑色的是地线，这两根线为舵机提供最基本的能源保证。电源有两种规格，一种是4.8 V的，另一种是6.0 V的，分别对应不同的扭矩标准，即输出的力矩不同，采用6.0 V电源时舵机的输出力矩要大一些，具体看应用条件。剩余一根输入线是控制信号线，不同品牌舵机的输入线颜色不同。

图5-36 舵机输入线

(2)舵机的分类及选型。

按照舵机的工作电压，舵机分为普通电压舵机(4.8～6 V)和高压舵机(6～7.4 V；9.4～12 V)。高压舵机的优点是发热少，反应更灵敏，扭矩更大。

按照是否防水，舵机分为全防水舵机和普通舵机。

按照舵机的工作信号，舵机分为模拟舵机和数字舵机。其中，数字舵机反应更快，加速和减速更迅速、更柔和，能提供更高的精度和更好的固定力量。

选用舵机主要考虑应用场合及性能指标，综合考虑尺寸、种类、扭矩、齿轮介质、工作模式等方面。某舵机的技术参数表见表5-1。

表5-1 某舵机的技术参数表

性能指标	技术参数
最大脉宽	900～2 100 μs
最大及角度	120°
电机	空心杯
质量	59 g
轴承	3BB
输出齿	25
连接线	JR 256 mm
死区	
电压	6.0 V
速度	0.12 s/60°
扭力	25.2 kg·cm
快速持续工作电流	600 mA
堵转电流	2 500 mA
电机型号	无刷电机

续表

性能指标	技术参数
电位器类型	日本 nobie 220°
芯片类型	数字
齿轮组材质	铝合金
线长	(330±5) mm
线径	0.3 mm^2
线芯数量	60

(3)安装要求。

舵机执行部分主要由摇臂、连杆及舵角组成,如图 5-37 所示。舵机的指针形摇臂适用于方向舵和升降舵,一字形和十字形摇臂适用于副翼。

舵角一般是一个三角形的固定件,如图 5-38 所示,安装在无人机副翼、尾翼的活动面上,通过连杆与机摇臂连接。遥控器通过控制其活动面摆动来调节无人机的飞行轨迹。

通过调整连杆在舵机摇臂和在舵角上的安装位置,可以实现舵面偏转量的设置,如图 5-39 所示。

图 5-37 舵机执行部分　　图 5-38 舵角

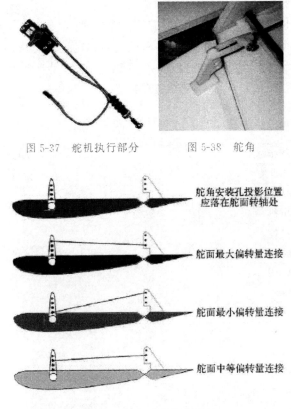

图 5-39 舵面偏转量设置

此外,舵机在安装过程中应注意如下事项。

①同一舵面的各个铰链的中心线应该在一条直线上，并且位于舵面的中心。

②控制摇臂的转动点应该与铰链的中心线在同一个平面上。

③舵机摇臂应该与铰链中心线平行，调整摇臂使得键槽与键齿相配合，尽量不要使用遥控器的中立位置调整功能来调整舵机的中心位置。

④使用高级的带轴承的连接附件和精密加工的铝制舵机摇臂可以更好地完成设置。

(4) 安装舵角。

将舵角打胶后安装到副翼的对应位置，注意舵角方向，如图5-40所示。

图5-40　安装舵角

(5) 安装金属调节器。

将金属调节器安装到舵角上，如图5-41所示。

图5-41　安装金属调节器

(6) 安装舵机。

将舵机安装到侧板的对应位置，如图5-42所示。

图 5-42　安装舵机

（7）连接拉杆。

使用拉杆将舵机与舵角连接，如图 5-43 所示。

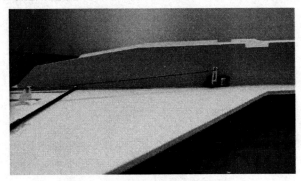

图 5-43　安装拉杆

任务 3　固定翼无人机动力系统组装

任务描述

固定翼无人机的动力系统主要分为电动系统和油动系统，常用的动力装置主要有活塞式发动机、喷气式发动机、电动式发动机和压缩气体发动机等。通过本任务的学习，学生掌握固定翼无人机电动系统的选配要求和组装要求，并能根据要求完成固定翼无人机动力系统的组装。

任务实施

（1）电机安装。电机安装角是一个十分重要的参数，关系到无人机飞行的稳定性，特别是在固定翼无人机安装中。要准确计算电机安装角是十分复杂的，掌握最基本的原理，有利于在飞行维护中调节出最适合的电机安装角。

（2）电调安装。电调的连接方法：电调的三芯插头（信号插头）直接插入接收机的油门通道；无刷电机与电调的3条连接线没有固定的连接顺序，一般是先按顺序或导线的颜色连接，在试飞时如果发现电机的旋转方向不对，可调换任意两条接线的位置。

（3）将电池安装到机身的对应位置上，可使用魔术贴将电池安装得更牢固。

（4）螺旋桨安装一般根据所配固定翼无人机的机型有不同要求，如某油动固定翼无人机采用木质螺旋桨，用螺丝连接固定。注意，螺旋桨内凹的一面应该朝向无人机前进的反方向。螺旋桨一般在调试完成后在进行安装。

知识点1：固定翼无人机动力系统配置原则

固定翼无人机动力系统的配置原则如下。

1. 推重比选择

推重比是指无人机发动机推力/拉力与无人机飞行重力之比。该参数是衡量动力系统乃至整机性能的重要参数，对飞行性能有较大影响。

在理论上，当动力系统产生的推力/拉力大于或等于无人机飞行时受到的阻力时，无人机就能保持持续水平飞行。但在实际飞行时，除阻力外，无人机还有其他力需要克服。例如，起落架与地面的摩擦力，无人机在爬升时要平衡的重力，沿机身轴线的分力等。因此，动力系统提供的推力/拉力必须更大。在配置固定翼无人机的动力系统时选择的推重比必须达到或超出设计的推重比。

2. 翼载荷要求

翼载荷是无人机单位面积升力面所承受的气动力载荷，用于衡量无人机在飞行中机翼的受载状况，直接影响无人机的飞行性能。翼载荷小，飞行速度慢，无人机的操纵性和机动性较好；翼载荷大，飞行速度快，无人机的机动性较差，但其飞行阻力小，抗风性和穿透性较好。根据机型和任务要求的不同，无人机的设计翼载荷各有差异。在配置固定翼无人机的动力系统时，应考虑翼载荷的大小及其影响。注意，不能让翼载荷严重偏离设计值，否则会影响无人机的飞行性能。

3. 配平要求

无人机的配平对其飞行性能有很大影响，因此在配置和安装动力系统时，要格外注意无人机的配平。一般在选择零部件初期以及进行无人机改装、动力系统升级时，需要估算动力系统的总质量，并规划各部件的安装位置，以保证动力系统的安装符合配平要求，使其重心处于设计位置。

电动动力系统的质量占无人机总质量的比例较大，在安装时，应尽可能通过移动电池的方法调整无人机的重心位置，尽可能做到零配重或小配重。如果因空间等限制无法配平，或者需要配置较大配重，则应考虑更改动力系统的配置，或修改无人机总体布局设计。

知识点 2：电动系统组装

1. 电动系统组成

固定翼无人机的电动系统由螺旋桨、电机、电调及电池组成。

2. 选配要求

(1) 选配流程。

电动系统的选配流程如下。

①根据估算的翼载荷和推重比，得出动力系统应提供的拉力大小，选出级别合适的电机和螺旋桨组合。

②依据所选电机的最大额定电流，选择所需电调，电调的标称电流应大于电路最大额定电流。

③参照电路的稳定电流，并根据整机的质量要求，选择合适的动力电池。

(2) 选配原则。

在遵循配置原则的基础上，小型及其以下固定翼无人机采用电动系统时可以参考一些经验数据。在进行初步选配后，还应主要考虑以下几方面内容。

①螺旋桨的选择。由于螺旋桨的拉力受直径、桨叶面积影响，因此在其他条件允许的情况下，可选择大直径的螺旋桨。但要注意防止螺旋桨因桨叶过大而与机身其他部件发生碰撞；如果桨叶较薄，还应注意桨叶变形后是否会与其他部件发生干涉。一般桨叶与机身任何固定部件的距离应大于 20 mm，对于较薄或材质较软的桨叶还须留出更大的安全距离。还要注意在机身较低时，应避免发生螺旋桨打地现象，一般螺旋桨旋转时距地面最近点的高度至少要大于其直径的 1/10。对于经常在草地、碎石路面起飞、着陆的无人机，该高度至少要大于螺旋桨机身直径的 1/5。

②电机的选择。在电流、功率等数相同的情况下，大直径、小长度的电机往往比小直径、大长度的电机具备更好的散热能力。同时，电机直径的增大会使其产生的扭矩变大，有助于提高驱动效率，但启动和加速性能会稍微降低。

高温是电机过载的重要标志。可通过测量电流来判断电机负载大小。若无专门的测量仪表，则可通过断电后电机的温度来判断。电机无论质量优劣，如果在停转后其表面温度过高，则表明电机已严重过载。电机过载会使其寿命缩短甚至烧毁，危及无人机飞行安全。

③电调的选择。电调的额定电流应与电机的工作电流一致，标称电流应大于或等于电机的最大额定电流。如果通过测试了解一台无刷电机的工作电流为 37 A（在带有螺旋桨载荷的情况下），那么可以选择比电机工作电流稍微大一些的额定电流为 40 A 的电调。

④电池的选择。由于电池的质量占动力系统总质量的比例最大，对翼载荷、推重比等参数影响较大，因此电池的选配需要仔细权衡。

电池容量指的是电池储存电能的多少，电池容量越大，其储存的电能越多，续航能力越好，无人机飞行时间越长。

但电池容量的增加必然导致动力系统质量增大，进而使整机质量增大，这不仅会使巡航所需动力和最大工作电流增大,还会减小推重比,增加翼载荷。因此,使用电池容量过大的电池的无人机不但飞行时间得不到明显提高,可能还会使整架无人机的飞行性能降低。因此选择电池并不是容量越大越好,而是根据无人机的需要进行适当的选择。

另外,8S锂电池的满电电压约为 33.6 V(8×4.2 V),人体所能承受的安全电压为 36 V。因此在使用过程中具有一定的危险性,一般不建议使用8S以上的锂电池组。在确实需要如此大功率输出的模型无人机上,可采用多发布局,或者采用油动动力系统。

3. 组装要求

(1)电机安装。

电机安装角是一个十分重要的参数,关系到无人机飞行的稳定性,特别是在固定翼无人机安装中。要准确计算电机安装角是十分复杂的,掌握最基本的原理,有利于在飞行维护中调节出最适合的电机安装角。

①将电机安装到金属电机座上,如图 5-44 所示。

图 5-44 将电机安装到金属电机座

②将组装完成的电机安装到塑料电机座上,如图 5-45 所示。

图 5-45 将电机安装到塑料电机座

最后将组装完成的电机使用热熔胶粘在无人机对应位置即可。

(2)电调安装。

电调的连接方法:电调的三芯插头(信号插头)直接插入接收机的油门通道;无刷电机与电调的 3 条连接线没有固定的连接顺序,一般是先按顺序或导线的颜色连接,在试飞时如果发现电机的旋转方向不对,可调换任意两条接线的位置。

①电调与电机连接,如图 5-46 所示。

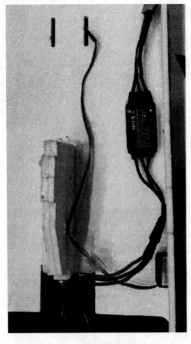

图 5-46 电调与电机连接

②接收机线路连接。将电调信号线插入接收机第三通道,将两个舵机线插入接收机 1、2 通道,注意线的正负极与信号线,安装完成后使用魔术贴将电调与接收机固定到机身的合适位置,如图 5-47 所示。

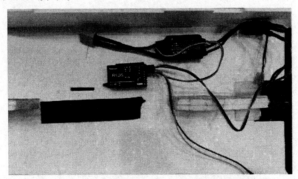

图 5-47 接收机线路连接

(3)电池安装。

将电池安装到机身的对应位置上,可使用魔术贴将电池安装得更牢固,如图 5-48 所示。

项目五　固定翼无人机的组装与调试

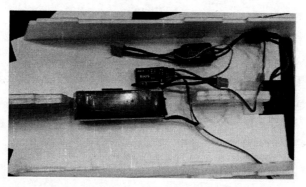

图 5-48　电池安装

（4）螺旋桨的安装。

螺旋桨安装一般根据所配固定翼无人机的机型有不同要求，如某油动固定翼无人机采用木质螺旋桨，用螺丝连接固定。注意，螺旋桨内凹的一面应该朝向无人机前进的反方向。螺旋桨一般在调试完成后在进行安装。

任务 4　固定翼无人机硬件调试与试飞

任务描述

固定翼无人机调试是指完成组装后，按设计要求对相关结构或部件进行调试，以使无人机满足基本的飞行要求。一般来说，按照设计要求进行的首次调试并不能达到理想的效果，还需要有经验的技术人员根据实际情况进行后续调试。通过本任务的学习，学生掌握遥控器的设置、固定翼无人机重心、舵量和拉力线和动力系统的调试方法，并能根据要求完成固定翼无人机硬件调试与试飞。

任务实施

1. 遥控器设置

（1）对频设置。

（2）遥控器各菜单参数设置。

2. 固定翼无人机舵量调试

在无人机组装完成后，需要调试各舵面行程的大小。例如，某 1 600 mm 翼展的无人机完成组装后，舵量太大或太小都会影响无人机的操纵性。一般无人机的产品说明书都会提供其舵量调试大小的数据，初次试飞应参考该值。试飞后，可根据飞行情况及个人的操纵习惯，对舵量进行调试。副翼、升降舵、方向舵的航量标准没有绝对的规定，在调试过程中应注意不能一次调试到位，而是每次调试一个小数量，一般要经过几次调试后才能达到理想状态。

一般情况下，中型无人机在出厂时就已完成舵量调试，飞手只需从遥控器的计算机系统中对调舵面行程大小进行调试，不需要直接调试舵机及机械连接部分。小型及以下的固定翼无人机由于质量轻、结构相对简单，舵机是采用普通设备进行连接的，飞手一般是通过调试舵面摇臂和舵机摇臂安装孔的位置来完成舵量调试的。舵机摇臂的安装孔越靠外行程越大，越靠里行程越小；舵面摇臂的安装孔越靠外行程越小，越靠里行程越大，两者可以同时适度调试。

3. 固定翼无人机拉力线调试

拉力线与无人机机身轴线的夹角一般是右拉角和下拉角，主要是为了平衡螺旋桨的反作用力矩和过多的升力，一般无人机的产品说明书中会给出安装角的规定。但是需要注意，反作用力矩不是固定值，会随着电机转速的变化而变化，电机转速越快反作用力矩越大。升力也不是固定值，会随着无人机速度的变化而变化，速度越快，升力越大。因此安装角的数值并不是一直不变的，按照参考数值安装即可。对于有经验的飞手或有特殊飞行要求的无人机，可对拉力线进行适当调试。

4. 调试动力系统

本任务使用的机型的动力系统是电动的，故只对电机的调试进行说明。多旋翼中已经对无人机电动系统的选型和安装要点进行了介绍，在调试阶段，主要通过飞控对电机进行校准调试，该调试过程可参考前面的任务。

在调试电动系统时，还要注意检查以下3方面。

(1)无刷电机工作是否顺畅。

(2)螺旋桨是否完好无损。

(3)陀螺仪和指南针是否准确。

前两项可以通过观察外表进行检查。陀螺仪和指南针是决定无人机飞行时的方向和位置的，可以在自检程序中检查。除此之外，还要检查无人机的电池、遥控器等是否已经充满电，如果电池电量不足，会使无人机在飞行过程中断电，从而不能及时返航。

5. 固定翼无人机重心调试

(1)轻微型无人机确定重心方法。

①手托法。手托法是指用两根手指从两侧机翼下表面相同位置托起无人机，反复更改手指位置，当无人机正好处于水平平衡时，手指所托的位置即前后重心位置。在测试和查找轻微型无人机重心位置时常用此方法。

②试飞法。试飞法是指用手抓住机身重心稍靠后的位置，机头稍低于水平线，逆风，沿机身方向将无人机轻轻掷出。注意手掷无人机时手臂不能画弧线，应沿机身方向的直线方向轻轻掷出。此方法适用于质量较轻、结构较稳固、抗摔的无人机。无人机掷出后可能出现3种滑翔姿态，如图5-49所示。

项目五 固定翼无人机的组装与调试

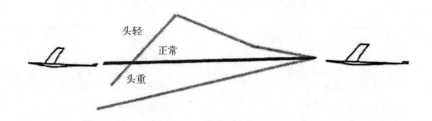

图 5-49 无人机滑翔姿态

无人机在滑翔过程中出现波状飞行,属于不正常飞行;向下飞行说明无人机头重;向上飞行后再向下飞行,说明无人机头轻;若平稳下滑,则说明飞行正常。在实际试飞过程中还会其他情况,只有找到产生这种情况的原因才能进行正确纠正。

【现象1】 无人机被掷出后向上急升,随后失速坠地。

无人机被掷出后向上急升,随后失速坠地现象的产生原因及纠正方法见表5-2。

表 5-2 现象1的产生原因及纠正分析

序号	产生原因	纠正方法
1	机头过轻或机尾过重	增加机头质量,调试重心位置
2	机翼有正安装角且角度过大	调小机翼正安装角
3	掷出速度过快	减小掷出速度
4	手掷时机头抬得过高	掷出无人机时使机头稍向下

【现象2】 无人机被掷出后呈波状飞行,滑翔至地面时出现微小波状。

无人机被掷出后呈波状飞行,滑翔至地面时出现微小波状现象的产生原因及纠正方法见表5-3。

表 5-3 现象2的产生原因及纠正方法

序号	产生原因	纠正方法
1	机翼有正安装角且角度偏大	调小机翼正安装角,调试量应较小
2	水平尾翼有负安装角	将水平尾翼安装角调为零

【现象3】 无人机被掷出后很快俯冲到地上。

无人机被掷出后很快俯冲到地上现象的产生原因及纠正方法见表5-4。

表 5-4　现象 3 的产生原因及纠正方法

序号	产生原因	纠正方法
1	机头过重	减轻机头质量，调试重心位置
2	机翼有较大的负安装角	将机翼安装角调试为正
3	水平尾翼有较大的负安装角	调小水平尾翼负安装角

【现象 4】　无人机被掷出后急速向左或右倾斜坠地。

无人机被掷出后急速向左或右倾斜坠地现象的产生原因及纠正方法见表 5-5。

表 5-5　现象 4 的产生原因及纠正方法

序号	产生原因	纠正方法
1	机翼两边质量不等	在左右翼尖添加配重
2	两边机翼的安装角不等	重新安装，使两边机翼安装角相等
3	两边机翼上反角不等	重新安装，使两边机翼上反角相等
4	水平尾翼变形，垂直尾翼的面积过小	调试水平尾翼形状，适当增大垂直尾翼面积

（2）中小型无人机确定重心方法。

①称量法。称量法主要有千斤顶称重法和机轮称重法。常用的是机轮称重法，即将 3 台电子秤平台分别置于无人机起落架的 3 个机轮下，称量出 3 个点的质量值，再用三角形算法计算重心的位置。该方法计算过程较复杂，在此不展开介绍。

②试飞法。试飞法是指在无人机组装完成后，通过试飞进一步确定重心位置是否符合设计要求。试飞的一般操作是使无人机飞行爬升至一定高度后，保持平飞，然后关闭油门，观察无人机飞行状态，无人机呈略低头缓慢滑降为最佳。若无人机直接栽头，则说明其重心偏前；若无人机呈波状飞行，则说明无人机重心偏后。根据无人机飞行状态，在其降落后通过配重调试其重心。

③调试重心的方法。通过上述方法确定无人机重心位置后，再与设计重心位置进行比较，对不符合设计重心位置要求的无人机，一般要进行重心调试。对于电动无人机，一般通过调整电池的安装位置来进行重心的调试。若调整电池安装位置后还不能满足要求，则要通过调整无人机上的机载设备的位置来调试重心位置。调试原则是不能影响机载设备的连线及使用。

对于无法通过改变内部设备位置来调试重心位置的油动无人机，可以通过增加配重的方式进行调试，一般使用薄的铅片作为配重，用双面胶或其他方式将其固定在合适位置。

项目五 固定翼无人机的组装与调试

知识点1：无人机遥控器设置

1. 对频设置

以乐迪 AT9Spro 为例，在对频完成后舵机会回中，为防止舵机损坏，在对频前应将舵机舵角拆下。对频方式：先打开遥控器，然后给接收机通上电，最后用一个细棍按对码开关 1~2 s。接收机灯闪 8 次左右之后停止闪烁，对码成功，遥控器上会显示当前信号值，如图 5-50 所示。对码过程中无须特别的辅助材料，并且在对码过程中接收机会自动寻找距离最近的遥控器与之对码，一次对码之后无须以后再次对码。

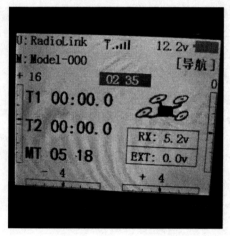

图 5-50 遥控器显示信号值

接收机有两种不同的模式，会显示不同的灯光。①PWM 信号工作模式：接收机指示灯为红色，R9DS 输出 9 个通道的普通 PWM 信号，如图 5-51 所示；②SBUS 信号工作模式：接收机指示灯为蓝色，如图 5-52 所示。

通常调试固定翼使用的为 PWM 模式，两种模式的切换需要双击对码开关。

图 5-51 PWM 显示红灯

图 5-52 SBUS 模式显示蓝灯

2. 遥控器设置

因为 J20 固定翼无人机的升降舵与副翼是同一舵面，所以需要在遥控器上进行混控设置。

(1)基础菜单：模型选择→固定翼，如图 5-53 所示。

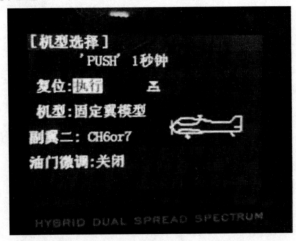

图 5-53 基础菜单：混控设置

(2)高级菜单：可编程混控(一)，如图 5-54 所示。

图 5-54 高级菜单：可编程混控设置(一)

(3)高级菜单：可编程混控（二），如图 5-55 所示。

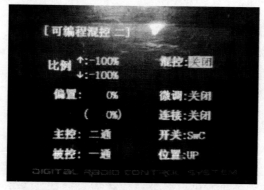

图 5-55　高级菜单：可编程混控设置（二）

(4)设置成功后的效果。打升降舵效果如图 5-56 所示。

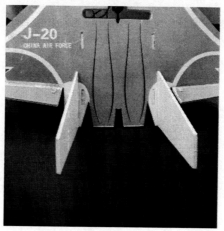

图 5-56　打升降舵效果

打副翼效果，如图 5-57 所示。

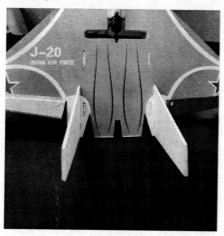

图 5-57　打副翼效果

知识点 2：调试舵面

在无人机对频完成后，需要调试各舵面行程的大小。舵量太大或太小都会影响无人机的操纵性。有时还需要调整舵面的正反转。

1. 舵机行程量调试

一般无人机的产品说明书都会提供其舵量调试大小的数据，初次试飞应参考该值。试飞后，可根据飞行情况及个人的操纵习惯，对舵量进行调试。

副翼、升降舵、方向舵的航量标准没有绝对的规定，在调试过程中应注意不能一次调试到位，而是每次调试一个小数量，一般要经过几次调试后才能达到理想状态。

一般情况下，中型无人机在出厂时就已完成舵量调试，飞手只需从遥控器的计算机系统中对调舵面行程大小进行调试，不需要直接调试舵机及机械连接部分。

(1) 基础菜单：舵机行程量，如图 5-58 所示。

图 5-58　选择舵机行程量

(2) 舵机行程量设置，选择需要调整的舵，转动遥控器的转盘来调整舵量，如图 5-59 所示。

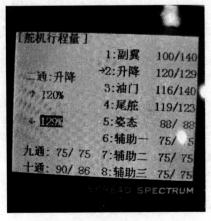

图 5-59　调整舵机行程量

2. 舵机正反转调试

固定翼无人机舵机正反转调试需先确认舵机安装方向，通过遥控器发送控制指令，观察舵机动作方向。若与预期不符，需调整舵机相位，直至舵机响应正确。调试过程中需细心操作，确保安全。

（1）基础菜单：舵机相位，如图5-60所示。

图5-60 选择舵机相位

（2）舵机相位设置。选择需要调整的舵，转动遥控器的转盘来调整舵机相位，如图5-61所示。

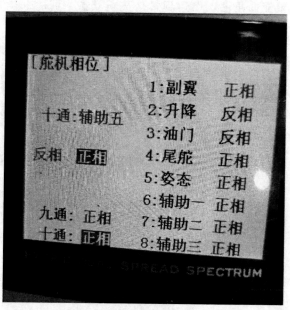

图5-61 调整舵机相位

(3)若反复调整均无法使无人机舵面运动正确,则需要将接收机的1、2通道信号线进行互换,如图5-62所示。

图5-62　1、2通道互换

3. 舵面角度调整

调整完成舵机后,固定翼无人机舵面角度也需要调整,这是飞行控制的重要环节。首先,确保无人机处于稳定状态,利用遥控器逐步调整各舵面的角度。根据飞行性能和稳定性需求,精细调整舵面角度,以达到最佳飞行状态。同时,注意检查舵机的工作状态,确保其响应迅速且准确。

可通过金属调节器调节拉杆的长度来调整舵面角度,如图5-63所示。

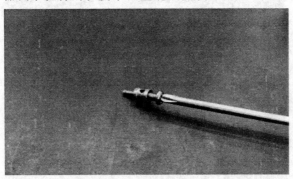

图5-63　使用金属调节器调节拉杆长度

将舵面调整为微微向上翘起,无人机在飞行中会更加稳定,如图5-64所示。

项目五 固定翼无人机的组装与调试

图 5-64 调整后的舵面角度

知识点 3：调试动力系统

固定翼无人机的动力系统分为油动与电动。电动固定翼无人机的动力系统包括螺旋桨、电机、电调和电池；油动固定翼无人机动力系统中的油路、电路较复杂，在调试发动机性能时需要将无人机作业环境的湿度、温度、海拔等多种因素考虑在内，以使发动机获得稳定的怠速及高速飞行时的动力性能。

本任务使用的动力系统是电动的，故只对电机的调试进行说明。

1. 调整电机转向

观察电机转动的正反向，按照桨叶的正确转向来观察，如果电机转动方向相反，则需要交换任意两根电调与电机的 3 根连接线即可完成换向，如图 5-65 所示。

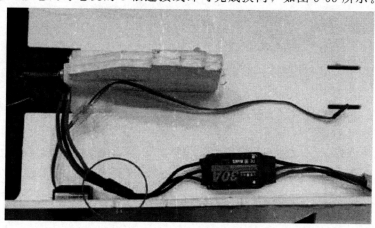

图 5-65 调整电机转动方向

2. 安装桨叶

调整完电机转向后将桨叶安装到电机上，安装完成后可轻推油门确认转向是否正确，安装前确认桨叶的方向，应将桨叶凹面朝向无人机运动方向的反方向，如图5-66所示。

图 5-66　安装桨叶

知识点 4：重心调整

固定翼无人机的重心调试是指完成组装后，将无人机的重心调试到设计范围内，而且要使其总质量不超过设计的最大起飞重量。无人机各部件重力的合力的作用点称为重心。

固定翼无人机重心的位置对其飞行性能、稳定性和操纵性影响较大，因此在每次组装完成后应要进行重心调试。重心位置一般是在无人机气动设计时，由压力中心、焦点位置及操纵性能要求决定的。不同机型的重心位置是不同的。一般来说，固定翼无人机的重心设计在机翼前缘往后的 1/3 处。根据设计要求，为了达到平衡，一般通过调整设备放置位置或利用配重完成重心调试。

知识点 5：飞行测试

1. 开机方式

无人机的开机操作顺序是先打开遥控器，确认油门操纵杆处于最低位置，然后接通动力电源。

开机后，电机不会立刻工作，要先对油门操纵杆处于最低位时进行确认，听到确认声以后，推动油门操纵杆，电机才能正常工作。如果开机时油门操纵杆不处于最低位置，遥控器和电调都会发出警告声，必须将油门操纵杆回到最低位才能启动确认程序。

固定翼无人机的飞行测试是一项重要的任务，其目标是验证无人机性能和操作安全。

2. 飞行测试内容

（1）预飞行检查。这个阶段包括零件完整性检查，所有接线和连接确认无误且稳定，电池充满电等。此外，对遥控器与前述设备的配对有效及信号传输情况也需要做出确认。

（2）地面测试。确保系统可以正常工作，比如电机能否正常工作、舵面运动是否有误等。

（3）起飞阶段。操作员先启动电机，动力足够后，使用手抛方式将该无人机投掷至空中，操作员需同时关注迎角不要过大或过小，让其维系平衡。

（4）降落阶段。通过控制无人机逐渐降低高度和速度，观察其降落姿态和稳定性。在降落过程中，要特别关注无人机的着陆点和着陆姿态，确保其安全着陆。

（5）飞行测试结束后，需要对测试结果进行详细分析。通过对飞行轨迹、速度、姿态等方面的分析，我们可以了解无人机的性能特点和存在的问题。针对发现的问题，我们需要制定相应的改进措施，以提高无人机的性能和稳定性。

通过固定翼无人机飞行测试，不仅可以验证无人机的性能和安全性，还可以为后续的应用和操作提供有力的支持。

课后习题

一、选择题

1. 目前绝大多数微型固定翼无人机使用的动力装置是（   ）。
   A. 活塞式发动机　　　　　　　　B. 涡喷发动机
   C. 电机　　　　　　　　　　　　D. 冲压发动机
2. 以下阻力不属于废阻力的是（   ）。
   A. 摩擦阻力　　　　　　　　　　B. 压差阻力
   C. 诱导阻力　　　　　　　　　　D. 干扰阻力
3. 以下工具在组装固定翼时用不到的是（   ）。
   A. 刻刀　　　　　　　　　　　　B. 砂纸板
   C. 电烙铁　　　　　　　　　　　D. 大型切割机
4. 以不属于螺栓连接的优点的是（   ）。
   A. 装拆方便　　　　　　　　　　B. 不会引起连接处材料成分相变
   C. 利于检修　　　　　　　　　　D. 不会松动
5. 以下配置正确的是（   ）。
   A. 大螺旋桨配高 KV 电机　　　　B. 小螺旋桨配底 KV 电机
   C. 大螺旋桨配低 KV 电机　　　　D. 以上配置均可以

二、简答题

1. 什么是废阻力？
2. 简述 J20 航模固定翼组装过程。
3. 简述固定翼无人机电动系统组成。
4. 简述无人机飞行测试要点。

参考文献

[1] 梁剑雄. 无人机装配与调试项目教程[M]. 成都：电子科技大学出版社，2023.

[2] 戴凤智，王璇，马文飞. 四旋翼无人机的制作与飞行[M]. 北京：化学工业出版社，2018.

[3] 王旭，冯成龙，李志昇. 无人机维护与维修[M]. 成都：西南交通大学出版社，2022.

[4] 刘静，闫俊岭，刘清杰. 多旋翼无人机组装与调试[M]. 成都：西南交通大学出版社，2022.

[5] 鹿秀凤，冯建雨. 无人机组装与调试[M]. 北京：机械工业出版社，2022.